Manual práctico de Electrocultivos

Una guía útil para obtener la Soberanía Alimentaria

Luis Miguel Sellanes

Estimada/o lector/a: BIENVENIDO.

Si ha llegado hasta aquí es porque este tema ha despertado su interés, y estoy seguro que le encantará, ya que se trata de una forma muy diferente de abordar la agricultura, en pequeños y grandes espacios, obteniendo la autosuficiencia, tan necesaria en estos tiempos.

Que disfrute esta lectura, y quiero decirle que tenemos una página web: https://electrocultivos.com donde podrá encontrar recursos gratuitos, contenido valioso, la posibilidad de cursos online, y también asesorías, para que le acompañemos en la instalación.

Quiero que tenga presente que no es un sistema más, sino la herramienta que debería haber estado presente durante los últimos 200 años, ya que tiene innumerables beneficios, es GRATIS y no tiene mantenimiento.

No exista nada parecido que logre estos efectos de esta manera.   *Luis Miguel Sellanes*

https://www.youtube.com/watch?v=0x-a6Q4y1bU

DEDICATORIA

Dedico este libro a esos seres humanos inmensos que hace mucho tiempo descubrieron y crearon esta maravilla, resistiendo la ignorancia y ausencia de credibilidad de este magnífico sistema, y quienes actualmente están creando y experimentando en base a estos conocimientos que hoy tengo el agrado de poner en vuestras manos, en la certeza de que vais a encontrar un tesoro que os ayudará a conseguir cosechas sanas, ecológicas y que contribuirá al alimento familiar.

Este manual es la condensación de un enorme desarrollo de muchas personas alrededor del mundo, es una guía práctica, de fácil comprensión. He querido hacer simple lo complejo.

Quienes tengan una vez este libro en sus manos, comprenderán el valor inconmensurable del trabajo de tantas personas por el bien de la Humanidad.

> *No hay nada más difícil de emprender, más peligroso de realizar o más incierto en su éxito, que tomar la iniciativa en la introducción de un nuevo orden de cosas, porque el innovador tiene por enemigos a todos aquellos que les ha ido bien bajo las antiguas condiciones, y por defensores tibios a aquellos a los que puede irles bien en el nuevo.*
>
> **-Maquiavelo, el Príncipe**

PRÓLOGO
DIVULGACIÓN CIENTÍFICA PRÁCTICA

¡Compre ahora el primer Manual de Electrocultivos en español!

Este libro es mucho más que un manual de Electrocultivos, ya que incluye conceptos de PERMACULTURA, AGRICULTURA SINTRÓPICA de ERNST GÖTZ, AGRICULTURA NATURAL de MASANOBU FUKUOKA, AGRICULTURA SINÉRGICA de EMILIA HAZELIP, y métodos para el aprovechamiento del agua como el KEYLINE o LÍNEA CLAVE.

Conozca los secretos de los electrocultivos para aumentar los rendimientos, acelerar el crecimiento de los cultivos y protegerse contra las sequías y otras calamidades.

Así podrá conocer la historia y la ciencia de los electrocultivos, sus usos en la agricultura, y los métodos fácilmente comprensibles para configurar su propio sistema.

El electrocultivo es una técnica revolucionaria que utiliza el poder de la electricidad atmosférica y el campo magnético terrestre, para mejorar el crecimiento y el rendimiento de las plantas, que estimulan su crecimiento, la absorción de nutrientes y la fotosíntesis.

En este Manual, conocerá sobre la historia de los electrocultivos a través de los primeros inventores, que utilizaron la electricidad atmosférica para aumentar sus rendimientos entre un 30% a un 300%.

Una vez que compruebe los éxitos asombrosos que se consiguen, comprenderá el alcance de la inversión que hará al comprar este libro.

Este Manual es una guía paso a paso fácil de realizar para cualquier principiante o profesional, con base en un estudio científico profundo para entender cómo se producen estos fenómenos atmosféricos, y el modo de captar esa energía para optimizar el rendimiento de los cultivos a pequeña y gran escala, para aplicar todo el potencial de esta técnica.

Con la compra de este Manual usted va a adquirir información útil acerca de:

* Los efectos que tiene la electricidad en los suelos, los microbios y los cultivos
* Una lista completa de los beneficios de los electrocultivos
* Instrucciones sobre cómo construir los sistemas usted mismo
* Métodos simples sobre cómo puede aplicar esta tecnología a su propio jardín o granja
* Cómo eliminar definitivamente pesticidas y fertilizantes tóxicos

Soy un investigador científico con especialidad en agricultura ecológica, y un especialista en Electrocultivos, con 8 años de investigación y experiencia, que me otorgan la sabiduría para editar este libro, en la certeza de aportar algo a la humanidad.

*****

Comentarios a cargo de Mª Pilar Victoria de las Heras. Abogada y una defensora del medio ambiente, ha participado en el libro CAMBIO CLIMÁTICO: Una aproximación consciente, junto a Emilio Carrillo, Alfonso Soria y María Ayarra.

"Esta obra, que cabrá en el bolsillo de cualquier ser con la conciencia suficiente, para iniciar una actividad agrícola independiente y sostenible, contiene, a pesar de lo breve y ameno de su lectura, una extensa fórmula para adentrarse en la aventura del propio sustento, o para dedicarse a mayor escala, permitiendo la recolección de productos de la tierra saludables, ecológicos, ricos en nutrientes y verdadero alimento para el ser humano.

Nace en coherencia con la Tierra, matriz inequívoca que fundamenta la técnica de los electrocultivos, poniendo a favor del hombre la ingente energía de los elementos, comenzando por nuestro Sol, dador de vida.

Que con este maravilloso libro, que viene repletito de conocimiento para adentrarte en la técnica de la electrocultura, despliegues el potencial de tus tierras de cultivo, o mejor aún, te animes a huir al campo, último reducto de los hombres y mujeres libres".

CONTENIDO

NOTA: Las imágenes pertenecen a PIXABAY con licencia estándar, y el resto están con su descripción al pie.

1. INTRODUCCIÓN

Este manual es el resultado de muchas horas apasionantes volcadas a la investigación de este proceso, cuyas raíces se extienden alrededor del año 1749, cuando de forma accidental se comienzan a descubrir los beneficios de la electricidad en los cultivos, con diferentes métodos, en distintos lugares y también diversos resultados.

Esto me hizo profundizar en diferentes libros, ensayos y experimentos, que muchos científicos, técnicos, agricultores, investigadores e inventores, fueron desarrollando a lo largo de esos años, en diversos países tales como Finlandia, Francia, Rusia, Escocia, Reino Unido y Alemania, lugares donde se conocieron, y posteriormente en su desarrollo expandido al resto del mundo, aunque la primera y segunda guerra mundial enterraron en el olvido este tipo de técnica, que no sólo elimina los químicos para los cultivos, sino que además fortalece las plantas, haciéndolas de mayor tamaño, y las frutas con mejor olor y sabor, y sobre todo permite ahorrar el uso del agua.

He podido experimentar por mi cuenta, y he asesorado a muchas personas sobre este procedimiento, con resultados de éxito, algunos casos están en mi web, electrocultivos.com

A los efectos de que sea un Manual Práctico, voy a dividirlo por secciones, ya que es el mejor modo de comprender la técnica, y su importancia en la concepción de una agricultura libre de depredadores y de químicos, actuando de un modo totalmente orgánico en comunión con la naturaleza.

La mejor definición de ELECTROCULTIVOS

"Las moléculas de dióxido de carbono con carga negativa son absorbidas más fácilmente por las plantas durante la fotosíntesis, lo que aumenta el proceso de separación de carga foto inducida que transporta electrones, a través de una cadena de transporte de electrones dentro del organismo.

El resultado es un crecimiento más rápido, una planta o fruta más abundante y una vida más sana. Los iones atmosféricos están entonces disponibles para complementar el proceso de fotosíntesis, así como la respiración de la planta y la absorción de agua y minerales en el suelo.

La fuente de iones de alto voltaje también ayuda a mitigar la infestación de herbívoros no deseados".

JIM LEE. Inventor EE.UU

Además hay que tener en cuenta que este sistema es ecológico y de fuente inagotable, y está en consonancia con los proyectos de resiliencia en la agricultura mundial que establecen diferentes organismos internacionales.

Pero por sobre todas las cosas, le permitirá al lector/a conocer cómo preparar su propio sistema de un modo fácil y práctico.

2. SITUACIÓN DE LA AGRICULTURA EN EL MUNDO

Durante muchos años se ha experimentado con fertilizantes químicos y biológicos con el propósito de ahuyentar los insectos y microorganismos que atacan los cultivos, diezmando su producción, dentro de la llamada agricultura industrial.

Pero debido a ello y a otros factores como la climatología, las producciones vienen mermando considerablemente, lo que determinó la falta de efectividad para erradicar el hambre en el mundo, y esto obliga a replantearse el modo de actuar en la agricultura, así como redescubrir técnicas que han logrado resultados para su aplicación y resiliencia.

Un informe de la FAO, organismo de Naciones Unidas, en **septiembre de 2015**, hablaba ya de La Importancia de los micro-emprendimientos en el Desarrollo Económico Local, como alternativa real a las grandes producciones. No se trata de competencia, sino de reactivar la actividad agrícola teniendo en cuenta elementos ecológicos no contaminantes, que permitan obtener la tan ansiada soberanía alimentaria, ya que las actuaciones realizadas durante décadas por parte de diferentes organismos para acabar con el hambre en el mundo, han fracasado estrepitosamente, y no se puede vivir siempre de intenciones sino de realidades tangibles.

De este modo se hace necesario un análisis de formas y sistemas de producción que en armonía con la Tierra permitan desarrollar la agricultura entre pequeños y grandes productores.

El Programa Especial para la Seguridad Alimentaria (PESA) y

los Programas Municipales de Seguridad Alimentaria y Nutricional (PROMUSAN) han capacitado hombres y mujeres para desarrollar habilidades en gestión empresarial y emprender sus propios negocios.

Es una buena iniciativa, pero no debemos olvidar que el primer propósito del ser humano debe ser el auto consumo, ya que las necesidades alimentarias en el mundo continúan sin solventar, después de muchos años de implementar diferentes herramientas que no han surtido ningún efecto.

Por tanto potenciar el auto abastecimiento en los emprendimientos familiares, dotándolos de sistemas ecológicos para su producción, son las herramientas esenciales para afrontar el mayor desafío de este siglo XXI. Luego vendrá la comercialización de excedentes de producción, en el caso que los haya.

Para citar un ejemplo, en Polonia hay veinte veces más granjas hortícolas que en países más grandes como Alemania, concentrados en la gran mayoría en pequeños emprendimientos de menos de 10 hectáreas.

Por otra parte en el informe Cambio en la producción y diversificación de la economía rural en Aragón 2021 (España), se pone foco en la creación de empleo, emprendimiento y nuevos modelos de negocio.

Y eso está muy bien, pero antes que el negocio está la subsistencia, lo que lleva a establecer esta prioridad para que las familias que viven o se vayan a vivir a un entorno rural, tengan las herramientas necesarias que les permita cultivar sus propios productos ecológicos de un modo eficiente, en armonía con la naturaleza y con los dictados de resiliencia agrícola. Y después llega la comercialización de excedentes productivos.

Todo tiene un orden natural, no todo es negocio.

Debemos tener un enfoque más holístico si cabe la expresión, ya que antes de comercializar productos debemos auto abastecernos, y de ese modo se fortalecen los principios de salud, economía y bienestar social.

Por supuesto que si se producen cantidades y hay excedentes, se buscará el modo de integrar el concepto de economía circular que viene propuesto desde la propia Unión Europea.

Unos de los **grandes desafíos** de la agricultura **es el tema del agua**, algo que preocupa sobremanera, debido a que el agua es fundamental para la vida, y por supuesto para los cultivos.

El agua es un recurso finito y vulnerable, esencial para sostener la vida. Es un bien social y un patrimonio de todos. Desconocer estos conceptos nos llevan inexorablemente a una catástrofe ambiental sin precedentes.

Muchos de los problemas ambientales que aquejan a nuestra sociedad como la pérdida de biodiversidad, la contaminación, el agotamiento de los recursos naturales y energéticos tienen que ver con el uso desmedido de los recursos fundamentales como el agua.

Imagen del documento de la UE hecho público en 2014

Las ciudades son ya el hábitat de más del 60 % de la población mundial. Del diseño y el uso que hagamos de los elementos básicos como el agua, los alimentos o los residuos que se generen, dependerá que éstas sean habitables y saludables.

En la actualidad la mayoría de las ciudades son ajenas al aprovechamiento de las aguas pluviales, a utilizar las propias construcciones para captar la energía solar, a planificar espacios para el cultivo de plantas comestibles tanto dentro de los cascos urbanos como en las zonas periurbanas, etc. Una agricultura sin venenos ni fertilizantes químicos es esencial para la seguridad de las ciudades.

Así tenemos que el aprovechamiento de los recursos naturales y la eficiencia de producción alimentaria, de viviendas bioclimáticas, etc., tiene epicentro en la economía circular.

Todos estos son premisas enunciadas por la UE en el marco del proyecto **NextGenerationEU**, que sienta las bases por donde las diferentes administraciones y las familias de áreas rurales deben poner el foco.

Sin embargo debemos tener presente que la responsabilidad de las actuaciones en la producción agrícola no recae en los pequeños productores o emprendimientos familiares, sino en el abuso de sistemas implantados que han generado un detrimento en la tierra que no aporta los suficientes nutrientes a los cultivos, que cuando los comemos sólo nos satisfacen en estómago, pero no nos alimentan en el modo que debieran.

En un informe de Cambridge University denominado **integrated assessment of the sustainability and resilience of farming systems,** nos habla de los retos económicos, medioambientales, sociales e institucionales que se esperan en el presente y futuro.

La definición adoptada en SURE-Farm **un sistema agrícola resiliente** es la solución propuesta para solventar estos desafíos.

*Según la Real Academia de la Lengua, se define **resiliencia**, en su primera acepción, **como la capacidad de adaptación de un ser vivo frente a un agente perturbador o un estado o situación adversos.***

Lo que no se dice es cómo hemos llegado a esta situación, ya que si mediante las medidas adoptadas en los últimos cien años no han surtido sus efectos, cualquier recomendación o estudio enfocados únicamente en la economía rural productiva, sólo trae beneficios a los grandes productores, en detrimento de las familias que viven en el medio rural, y debe establecerse un necesario equilibrio entre ambas partes.

Es por eso que resulta absolutamente imprescindible conocer y difundir aquellas técnicas o sistemas ecológicos que permitan en primer lugar la soberanía alimentaria de auto abastecimiento, y posteriormente en su etapa de excedentes, sea comercializada en una economía local circular, tal como se propone desde la propia UE.

Sobre el agua habría que hacer un libro aparte, pero voy a mencionar que vivimos en un planeta llamado Tierra, que el 70% está compuesto de agua. No sólo el agua de mar, sino de aguas subterráneas y aguas primarias. Por tanto no se puede hacer apología de carencia del más preciado bien en la tierra, sin argumentos válidos que lo sustenten. La Tierra tiene 4.500 millones de años de existencia, y el ser humano algo más de 1 millón de años. Por tanto la naturaleza nos enseña en su perfección cómo aprovechar sus recursos, y nosotros debemos copiar ese modelo, para seguir viviendo nosotros y las futuras generaciones.

CAMBIO DE MODELO PRODUCTIVO

Es necesario plantearse un nuevo modelo productivo, que contemple la protección de los ecosistemas, el uso adecuado de los recursos naturales como el agua, y sobre todo la salud humana que viene deteriorándose cada vez más, y esto ya es un imperativo global. Cuando un sistema implantado durante mucho tiempo no funciona, debemos incorporar otro, que contemple otros aspectos, para no caer nuevamente en el mismo error.

EL MODELO ACTUAL DE AGRICULTURA INDUSTRIAL

La adopción de los parámetros de la industria por parte de la agricultura comienza con el despliegue industrial en el siglo

XIX. Pero la industrialización de la agricultura como "modernización", se suele identificar con el uso de semillas híbridas y agroquímicos, como si fuera el rasgo definitorio de la agricultura industrial. Por eso, habitualmente se denomina agricultura química a la agricultura industrial. El FMI y el BM han condicionado los créditos al desarrollo a unos planes de ajuste estructural que exigen la "modernización" del campo y de la agricultura y su incorporación al comercio internacional.

El uso de agrotóxicos ha crecido en paralelo a la producción de sustancias químicas. Los productos químicos en la agricultura y ganadería actual constituyen una amenaza para nuestra salud y la de los ecosistemas. En 1945 apenas había pesticidas en la producción agraria. Sin embargo 60 años después se emplean 6 millones de toneladas al año, de los cuales más de 300.000 TN se dispersan en la Unión Europea.

Según diversos estudios **la agricultura industrializada** que produce emisiones de gases de efecto invernadero, contamina el aire y el agua y destruye la vida silvestre, y **genera costos ambientales equivalentes a 3 billones de euros al año**. La industria no tiene en cuenta costos externalizados, como los fondos necesarios para purificar el agua potable contaminada o tratar enfermedades relacionadas con la malnutrición, lo que significa que las comunidades y los contribuyentes pueden estar pagando los costes sin siquiera saberlo.

El uso de químicos es otro factor de impacto grave. Grandes volúmenes de fertilizantes químicos y pesticidas se utilizan para aumentar el rendimiento agrícola. Se libera así grandes cantidades de estiércol, productos químicos, antibióticos y hormonas de crecimiento en las fuentes de agua. Esto plantea riesgos tanto para los ecosistemas acuáticos como para la salud humana.

Además, la agricultura industrial se ha mostrado incapaz de alimentar a la población, ya que millones de personas en el mundo continúan pasando hambre. No es la falta de alimentos la causa del hambre, sino un reparto desigual de los recursos agrarios y alimentarios. La expansión de la agricultura industrial, en manos de grandes empresas, es uno de los detonantes de esta situación. El gran negocio de la alimentación ha expulsado de sus tierras a parte de la población mundial, compromete la biodiversidad agraria y ganadera, y acapara buena parte de los suelos fértiles y el agua del mundo.

Según **el Banco Mundial** el agua es un insumo fundamental para la producción agrícola y desempeña un papel importante en la seguridad alimentaria. La agricultura de regadío representa el 20 % del total de la superficie cultivada y aporta el 40 % de la producción total de alimentos en todo el mundo. Es, en promedio, al menos el doble de productiva por unidad de tierra que la agricultura de secano, lo que permite una mayor intensificación de la producción y diversificación de los cultivos.

Sabemos que sin agua no habría vida en este planeta. El agua es más que un alivio para la sed: el agua proporciona energía para los procesos de la vida.

Para comprender este hecho es necesario incluir la investigación sobre el elemento agua y reflexionar sobre la vitalidad de las aguas. Las aguas vitales y vivas están en movimiento, deben fluir naturalmente y ser capaces de girar alrededor de su propio eje en una espiral. Si se fuerza a las aguas a seguir un curso recto antinatural, pierden su equilibrio natural y tienen un efecto destructivo. Esto fue reconocido por el naturalista y silvicultor austríaco Viktor Schauberger en la primera mitad del siglo XX.

La polaridad crea un equilibrio dinámico

Los lechos sinuosos de un río por los que fluye libremente, el vaivén del río, ilustra el principio de polaridad que caracteriza nuestro mundo. Es la polaridad -la presencia de dos polos opuestos- la que da energía a la vida y crea vitalidad. Fue Johann Wolfgang Goethe el que reconoció la polaridad como una de las dos grandes fuerzas impulsoras de la naturaleza y describió cómo impulsa los procesos en la materia a través de «atracción y repulsión». El Yin-Yang, masculino-femenino, movimiento-reposo, frío-calor: los dos polos se complementan y juntos crean un equilibrio dinámico.

No es sorprendente, que la mayor diversidad en la naturaleza se produce donde los opuestos se encuentran. En los pastizales pobres y secos, por ejemplo, que se encuentran junto a una zona húmeda y sombreada a la orilla de una fuente de agua, permite apreciar la biodiversidad.

La polaridad en la química se refiere a la formación de concentraciones de carga separadas; de esta manera, pueden existir áreas cargadas tanto negativas como positivas en sustancias polares. Entre los polos cargados positiva y negativamente, surge un potencial eléctrico: es el voltaje entre los dos polos lo que genera la energía en una batería.

Aunque es externamente y como un cuerpo de agua cerrado eléctricamente neutro, el agua contiene esta polaridad vitalizadora en dos aspectos: tanto en la molécula de agua H_2O como en el cuerpo de agua (por ejemplo, agua en un vaso, en las aguas naturales, y en el agua de nuestro cuerpo) están presentes las separaciones de carga. Hay áreas con exceso de electrones y carga negativa, y áreas con deficiencia de electrones y carga positiva.

Por los libros de texto se conoce el agua como un compuesto polar, llamado dipolo, porque su densidad electrónica se distribuye asimétricamente dentro de la molécula H_2O6. Como un dipolo, la molécula de agua tiene dos polos eléctricos con carga diferente: una carga negativa en el lado del átomo de oxígeno y una carga positiva en el lado de los dos átomos de hidrógeno. Por tanto, la molécula de agua se puede comparar con un imán de barra. Las ondas electromagnéticas, especialmente la radiación de microondas (el rango de frecuencia utilizado para las comunicaciones móviles) hacen que este «imán de barra», es decir, el dipolo de agua, gire. Esto se debe a que si esa onda electromagnética pasa sobre el dipolo, su polo negativo, y su polo positivo respectivamente, se reorientan constantemente de acuerdo con la onda electromagnética. Este principio también se usa en el horno de microondas: a través de la rotación de las moléculas de agua, comienzan a vibrar de manera que se frotan entre sí, lo que genera calor: la comida se calienta. Esto se conoce como efecto térmico de la radiación de microondas.

Un grupo de científicos han descubierto que las moléculas de agua pueden organizarse de diferentes maneras cuando se fusionan en los llamados cúmulos de agua (es decir, grupos de moléculas de H_2O), el agua se forma en diferentes estructuras. La estructura del agua cambia dependiendo de factores como la temperatura, el estado de la superficie de los materiales adyacentes o el vórtice. Los cambios a nivel de cúmulos afectan la fluidez de las aguas. Viktor Schauberger había descrito esto con las propiedades de remolque de los arroyos de montaña al transportar troncos de árboles. Lo mismo sucede en la gota bajo el microscopio: Dependiendo de las estructuras del agua, la fluidez en la gota cambia durante el proceso de secado. Por tanto, cada agua tiene su propio patrón de sedimentación. Los patrones indican la energía propia del agua.

El agua es un elemento que todavía guarda muchos misterios en la actualidad, y reconocer su esencia y funciones es un requisito previo para comprender mejor los procesos de la vida. En combinación con los campos electromagnéticos, los "planos" de la vida, el agua está al comienzo de la vida, porque al reestructurar sus moléculas, el agua tiene la capacidad de reaccionar a las influencias electromagnéticas y recrear campos electromagnéticos.

Los científicos han reconocido ahora que el agua y sus peculiaridades representan una sustancia clave para la optimización de la vida y la tecnología.

Richard E. Smalley (1943–2005), **ganador del Premio Nobel de Química en 1996,** elaboró en 2003 un plan de diez puntos para los grandes desafíos que enfrenta la humanidad en la primera mitad del nuevo siglo: el conocimiento ocupa el segundo lugar después de la energía y las funciones del agua. Solo después vienen los alimentos y el medio ambiente.

Según el ganador del Premio Nobel de Medicina en 1937, el médico y bioquímico húngaro-estadounidense Albert Szent-Györgyi (1893–1986), las células del cuerpo de los seres vivos son "máquinas impulsadas por energía". Los seres humanos, los animales y las plantas trabajan con dos fuentes de energía para crear orden: el sol y el agua. La provisión de energía funciona esencialmente en tres efectos cuánticos: coherencia, resonancia y túnel de partículas elementales. El proceso de »utilizar la información de manera específica« puede describirse como »inteligencia«. En este sentido, los fundamentos de la vida se organizan inteligentemente. Y por supuesto el agua juega el papel principal.

Atendiendo a esto, y a todas las consideraciones anteriores, es necesario comenzar a implantar sistemas como el ELECTROCULTIVO, que además de ser ecológico -ya que utiliza la electricidad atmosférica y el magnetismo terrestre- tiene como efecto la menor utilización del agua para los cultivos, obeniendo excelentes resultados en las cosechas con mínima infraestructura y tareas.

Desde mi punto de vista este sistema emerge como una ALTERNATIVA VÁLIDA Y MANIFESTADA, que data con más de cien años de experimentación y demostración, con innumerables informes científicos que lo avalan.

Referencias bibliográficas sobre el agua

↑1   Pollack, G.H.: The fourth phase of water. Beyond solid, liquid and vapor Ebner and Sons Publishers, 2013

↑2, ↑13 Schauberger, J. (2009): Viktor Schauberger. Das Wesen des Wassers. Original texts edited and commented by Jörg Schauberger. AT Verlag, 3rd edition, 2009

↑3   Goethe, J.W. (1828): Explanations on the aphoristic essay «Die Natur», Weimar, 1828

↑4   Gastl, M. (2015): Drei-Zonen-Garten: Vielfalt • Schönheit • Nutzen, Publisher Dr. Friedrich Pfeil

↑5   The World Foundation for Natural Science (2021): ¡Toda la vida funciona con electricidad!, https://www.naturalscience.org/es/news/2021/04/toda-la-vida-funciona-con-electricidad/

↑6

        https://www.chemie.de/lexikon/Polarit%C3%A4t_%28Chemie%29.html

↑7   Blanc, B. H. / Hertel, H. U. (1992): ComparativesStudy about the influence on man by food prepared conventionally and in the microwave oven.

↑8   The World Foundation for Natural Science (2002):¿Cocinar con microondas? ¡¡Es el beso de la muerte!!

↑9   Bioinitiative (2020): Reported Biological Effects from Radiofrequency Radiation at Low-Intensity Exposure, https://bioinitiative.org/updated-research-summaries/, Download 04/2021

↑10   Ulrich, D. (2020): Impact of mobile communications on water and life. Study situation and own experiments, 2020

↑11   See also in Warnke, U. (2019): Bionisches Wasser. Das Supermolekül für unsere Gesundheit, arkana

↑12   for example in: Engler, I. (2009): Wasser. Polaritätsphänomen, Informationsträger, Lebens-Heilmittel; Pollak, G.H. (2013): The fourth phase of water. Beyond solid, liquid, and vapor; Wiggins, P. (2008): Life Depends upon Two Kinds of Water. PLoS ONE 3(1): e1406. doi:10.1371/journal.phone.0001406; Jhon, M. S. & Pangman, MJ (2012): Hexagonales Wasser: Der Schlüssel zur Gesundheit, Mobiwell Verlag, 2nd edition. Original edition: Jhon, M. S.: The Water Puzzle and the Hexagonal Key, and: Hexagonal Water, The Ultimate Solution; Ho, M.-W. The rainbow and the worm (2008). The physics of organisms. World Scientific; Cowan, T. (2019): Cancer and the new Biology of Water.

↑14   https://www.pollacklab.org/

↑15   Glegg, J.S. (1981;1984), in: Bischof, M. (2002): Biophotonen. Das Licht in unseren Zellen, Verlag Zweitausendeins, 12th edition,

2002

↑16   Engler, I. (2009): Wasser. Polaritätsphänomen, Informationsträger, Lebens-Heilmittel. Spurbuchverlag, 2009

↑17, ↑21   The World Foundation for Natural Science (2021): Animales y plantas bajo el estrés de la radiación

↑18   Pollack, G.H. (2014): The fourth phase of water. Beyond solid, liquid and vapor. Ebner and Sons Publishers, 2013

↑19   Cowan, T. & Fallon Morell, S. (2020): The Contagion Myth, Skyhorse Publishing, 2020

↑20   Pollack, G.H. (2017): Lecture at the Three-Country Congress, Konstanz, and 15.10.2017

↑22   Martin L. Pall (2019): 5G: Great risk for EU, U.S. and International Health! Compelling Evidence for Eight Distinct Types of Great Harm Caused by Electromagnetic Field (EMF) Exposures and the Mechanism that Causes Them

↑23   Christmann, H. (2020): Blut gut, alles gut. Laborwerte richtig deuten, Dunkelfeldmikroskopie nutzen. Silberschnur Verlag

↑24   Ullrich, V. (2020): Neue Erklärungen für die Hypersensibilität aus der Neuro-Biochemie. oekoskop, Ärztinnen und Ärzte für Umwelschutz, Nr. 2/20, 2020

↑25   Martin L. Pall (2019): 5G: Great risk for EU, U.S. and International Health! Compelling Evidence for Eight Distinct Types of Great Harm Caused by Electromagnetic Field (EMF) Exposures and the Mechanism that Causes Them.

↑26   The Epoch Times (2020): A summary of Martin Pall's report can be found, for example, at https://www.epochtimes.de/wissen/us-professor-warnt-vor-5g-netz-gesundheitsrisiken-durch-verstaerkte-aktivierung-der-koerpereigenen-calciumkanaele-a3240322.html (16.5.2020)

↑27   Wiggins, P. (2008) Life Depends upon Two Kinds of Water. PLoS ONE 3(1): e1406. doi:10.1371/journal.pone.0001406

↑28   Trower, B. (2021): From zygote to foetus there is no hiding place from the electrically induced phase transition from 5G with its accompanying support and carrier waves. 2021-02=5G-No Hiding Place – Barrie Trower.pdf

↑29   Trower, B. (2019): The Danger of Microwave Technology, Fact Sheet, and The World Foundation for Natural Science. https://www.naturalscience.org/publications/the-danger-of-microwave-technology/

↑30   Cowan, T. (2018): Vaccines, autoimmunity and the changing nature of childhood illness, publisher: Chelsea Green Publishing

↑31   Solution; Ho, M.-W. (2008): The rainbow and the worm. The physics of organisms. World Scientific

El agua, como recurso fundamental para la vida en esta tierra, debe ser protegida como bien de la humanidad, no como un negocio que cotiza en bolsa y genera beneficio para unos pocos.

3. ELECTROCULTIVOS

¿Qué son los electrocultivos?
Se trata básicamente de fertilizar los cultivos con electricidad atmosférica y el campo magnético de la Tierra, y se conoce desde el siglo XVII, aunque durante las dos guerras mundiales se quedó en el olvido.
En 1912 se realizó el primer congreso internacional de electrocultivo en Francia y existen informes sobre el electrocultivo en Alemania incluso **antes de 1911.**
Se originó allí en el siglo XVII y entre 1850 y 1920 se publicaron miles de artículos e informes sobre este tema en una amplia variedad de publicaciones en el mundo de habla francesa y también alemana.
Numerosos investigadores se comprometieron en Francia, Alemania y otros países, así como varios institutos agrícolas, que con el electrocultivo se esperaba poder utilizarlo para aumentar los rendimientos agrícolas. Ejemplos como el primer congreso internacional sobre electrocultivo, que se celebró en Reims, Francia en 1912, muestran cuán conocida y extendida era la investigación sobre Electrocultivos.
Otro ejemplo a documentar es el número 20 del folleto INFORMES DEL LABORATORIO FISIOLÓGICO Y LA INSTALACIÓN EXPERIMENTAL DEL INSTITUTO AGRÍCOLA DE LA UNIVERSIDAD DE HALLE, donde el Consejero Privado Prof. Dr. Kühn describe los "Resultados hasta ahora en el campo de prueba del instituto agrícola de la

Universidad de Halle empleó la prueba de electrocultivo con éxito". Publicado en **Hannover en 1911** por Verlag M. & H. Schaper.

El siguiente artículo periodístico histórico del "Wiener Landwirtschaftliche Zeitung" citado aquí data de **1926**: **La cosecha del futuro.** El agricultor Hans Wöllecke (Erbstetten, Württemberg) retomó la idea básica del inventor Justin Christofleau (Normandía) y logró un éxito inesperado en la horticultura gracias a su energía. Cuando se le preguntó, la respuesta fue que los campos fueron "fertilizados eléctricamente". En Francia datan experimentos desde 1776, con grandes resultados.

Actualmente cobra especial interés su aplicación, para adaptarse al nuevo plan de economía circular de la Unión Europea. La Comisión Europea ha adoptado un nuevo Plan de Acción de Economía Circular , uno de los principales bloques del Pacto Verde Europeo , la nueva agenda europea para el crecimiento sostenible.

Especial atención a los planteos de la Agricultura sostenible, de la mano del informe de la FAO que promueve los micro-emprendimientos como solución a los futuros problemas que puedan aparecer en el horizonte.

Por lo tanto el ELECTROCULTIVO resurge como la más fiable alternativa ecológica, de fuente inagotable.

No creas en nada, no importa dónde lo leas, o quién lo haya dicho, no importa si lo he dicho yo, a menos que esté de acuerdo con tu propia razón y tu propio sentido común.   -El BUDA

Los Electrocultivos viene del francés CULTURE (que se traduce tanto como cultura o como cultivo) tal y como se denominó originalmente en Francia. Es un método para aplicar electricidad atmosférica y el campo magnético terrestre a la fertilización de la vida vegetal.

Creada -según las fuentes de la época- especialmente en Francia y Alemania por diversos inventores, Electrocultivo significa intensificar la producción de la tierra, aumentar los cultivos en forma considerable, y minimizar el trabajo manual de la agricultura, eliminando totalmente el uso de químicos.

El magnetismo terrestre, las corrientes telúricas, la electricidad del aire flotante y la transportada por las nubes, el sol, el viento, la lluvia e incluso por las heladas, fuerzas que son capturadas y transformadas en electricidad energética por un aparato que lo lleva al suelo de un modo fiable y continuo, y que los libera de los microbios que atacan las semillas y las plantas, al hacerles la tierra de cultivo un sitio inhóspito para vivir. Por tanto un método totalmente ecológico, eficiente, útil y práctico.

Es necesario recordar que el Sol emite 20 billones de voltios a la ionosfera, alimentando todas las especies vivas en la Tierra. Y la electricidad atmosférica es el vehículo que nos permite llevarlo a nuestras plantaciones conectando a la Tierra.

UN POCO DE HISTORIA

Hacer que los cultivos crezcan más y más rápido ha sido la principal preocupación de la agricultura durante milenios.
Se han desarrollado todo tipo de técnicas y tecnologías de cultivo para cumplir este objetivo, desde la simple rotación de cultivos hasta complejos fertilizantes sintéticos. La empresa de

la ciencia agrícola es testimonio de esta causa. Por lo tanto, no sorprende encontrar que las tecnologías y los fenómenos recién descubiertos se han aplicado fácilmente a los problemas agrícolas, sin importar cuán abstractos puedan parecer. Algunas de estas aplicaciones ahora se utilizan en las prácticas agrícolas ortodoxas cotidianas, otras no.

Desde mediados del siglo XVIII, personas emprendedoras han tratado de utilizar la electricidad para impulsar el crecimiento de las plantas, debido a la promesa que encierra una "sustancia" inagotable. Los siglos dieciocho y diecinueve vieron cómo la Electroculture llegó a ser conocida, se afianzó, con crecientes esfuerzos para demostrar que funcionaba. Muchos empresarios involucrados con los electrocultivos vieron aumentos estadísticamente significativos en los rendimientos de sus cultivos.

Ya en **1749 Abbe Nollett (1700-1770)**, físico francés, que había observado los efectos de la electricidad en la vegetación, anunció que la electricidad contribuyó a la EVAPORACIÓN DEL SUELO, facilitó la germinación de semillas y aumentó la rapidez de la ascensión de la savia en la vegetación.

Pierre Bertholon de Saint-Lazare (1741-1800) fue un físico francés y miembro de la Sociedad de Ciencias de Montpellier. Era conocido por sus experimentos sobre electricidad.

En 1783 Bertholon no sólo dio a conocer el papel de la atmósfera y la electricidad atmosférica sobre la vegetación en una de sus obras, sino además hizo su aplicación práctica con **un "electro-vegetómetro"** que él mismo inventó.

En un período posterior, un científico ruso, de nombre **Spechnoff,** perfeccionó el Electro-vegetómetro, inventado por Pierre Bertholon, y notó un aumento del 62 por ciento, para avena, 56 por ciento, para trigo, 34 por ciento, para la linaza. **Spechnoff encontró que la composición del suelo se modifica por la acción de las corrientes.**

Hacia fines del siglo **XIX, el hermano Frère Paulin, director del Instituto Agrícola de Beauvais en Francia**, inventó un nuevo aparato, el **"Geomagnetif ere", que dio resultados maravillosos**, especialmente en lo que respecta a las uvas, más ricas en azúcar y alcohol; su madurez era más acelerada y más regular. Recogió todas sus investigaciones en un libro llamado "De la influencia de la electricidad en la vegetación", edición en francés.

En **1898**, **Karl Selim Lemström (1838-1904), profesor de física en la Universidad de Helsinki**, se dirigió a una **reunión de la Asociación Británica para el Avance de la Ciencia en Bristol sobre el tema de la electrocultura**.
Llevaba trabajando en la técnica desde la década de **1880** cuando, mientras observaba la aurora boreal, observó que los árboles de los alrededores crecían rápidamente a pesar de la corta temporada de crecimiento. Los experimentos consistieron en tender una red de cables cargados positivamente sobre un cultivo, cargados con diferentes potenciales durante diferentes períodos de tiempo, y midiendo la diferencia en los rendimientos obtenidos en comparación con los controles. Fueron los resultados de estos experimentos los que fueron objeto de la charla de Lemström, y también de su libro Electricity in Agriculture and Horticulture, publicado en inglés en 1904.

Justin Christofleau (1865-1938) ingeniero e inventor francés miembro de la Sociedad de Ciencias e Invenciones en Francia, en 1921 presenta su aparato de electro-culture, luego de haber obtenido excelentes resultados, y para dar fe de ello, el 26 de abril de 1930, hizo que un alguacil viera el tamaño y el diámetro de algunas de sus plantas para testificar su descubrimiento. Entre 1905 y 1939 patentó casi 40 de sus inventos, entre ellos varios de electro-culture, y otros derivados para la obtención de electricidad atmosférica.

Vendió miles de copias de estos dispositivos electromagnéticos en todo el mundo entre los años 1920 y 1930, antes de convertirse en una víctima de las constantes campañas de desprestigio que sufrió, y posteriormente muere en el año 1939.

Este fue el año que marcó el fin de la electrocultura en el período de las dos guerras mundiales.

Otros investigadores posteriores

Gorbatovoskaya y Lazarenko (1966) dos investigadores rusos, luego de realizar sus propias investigaciones llegaron a esta conclusión: "Los informes de que los rasgos adquiridos por las plantas en suelos tratados eléctricamente se transmiten por herencia a la tercera generación son particularmente interesantes".

"Bajo la influencia de la corriente eléctrica, las proporciones numéricas entre las plantas de cáñamo de diferentes sexos cambiaron en comparación con el control, lo que arrojó un aumento en el número de plantas hembra entre un 20% y un 25%, en relación con una reducción en la intensidad de los procesos oxidativos en los tejidos de la planta."

En la actualidad

Actualmente hay muchos emprendedores en este tema alrededor del mundo, pero personalmente pienso que hay dos destacables. Yannick Van Doorne, ingeniero en agricultura y biotecnología de Bélgica. www.electroculturevandoorne.com
Y también merece ser destacado el trabajo del alemán MichaelWüst que nos ha dejado en 2015, aunque su familia continúa su inmensa labor. www.agnikultur.de

Lo más interesante es que el electrocultivo se trata de un proceso dinámico, en el que podemos ir experimentando y creando nosotros mismos nuestros propios sistemas, más allá de los existentes en el mercado. La experimentación es la que abre las puertas a más y mejores implementaciones.

Probablemente la variante más antigua de electrocultivo es la inserción de cables de acero en el suelo, que se alinean en el eje norte-sur y se conectan a una antena magnética. Aquí, una antena magnética es una barra de acero que se eleva del suelo como un pararrayos y está equipada con muchos picos largos en su punta. Comparable a un cepillo deshollinador.

Esta especie de pararrayos está conectada a los cables en el suelo y se eleva tan alto como puede en el aire.

Otro enfoque es reemplazar este pararrayos con imanes de ferrita conectados a cables o dispositivos basados en ferrita. Suponiendo que no era muy fácil obtener imanes de neodimio hace más de 100 años, los viejos imanes de ferrita negra deberían haber sido el medio elegido en ese momento.

Al menos lo demuestran los resultados obtenidos, y los últimos experimentos resaltan la ferrita sobre los imanes de neodimio, que no obtienen resultados en el electrocultivo.

Si cada cable o varios cables que estaban conectados entre sí estaban equipados con un imán debería haber sido bastante irrelevante, ya que la fuerza del campo magnético no parece importar aquí.

Los experimentos con imanes de neodimio han logrado resultados bastante negativos y cuando se utilizaron imanes de ferrita, se observaron rápidamente efectos positivos.

En los experimentos conocidos, se trabaja con alambre de acero galvanizado de 2-5 mm de espesor. Llevados esto a 5-10 cm de profundidad en el suelo.

La orientación de los hilos se realiza con la brújula y siempre está alineado con el eje NORTE-SUR.

Los resultados probados son:

- Germinación más rápida
- Crecimiento más rápido de las plantas
- Erradicación de plagas
- Menos entrada de malezas
- Menor requerimiento de agua
- Menos sensible a las heladas
- Mayor calidad de la fruta o verdura

Aumentos de rendimiento de al menos 50%, pero principalmente 100% y más.

ESTUDIOS SOBRE ELECTROCULTIVOS
QUE AVALAN SUS RESULTADOS

1. ANDERSON, I., and VAD, E. (1965): The influence of electric fields on bacterial growth. Int. J. Biometeor., 9: 211–218.
2. BACHMAN, C. H. and REICHMANS, M. (1973): Barley leaf tip damage resulting from exposure to high electrical fields. Int. J. Biometeor., 17: 243–251.
3. BACHMAN, C. H., HADEMANOS, D. G. and UNDERWOOD, L. W. (1971): Ozone and air ions accompanying biological implications of electrical fields. J. Atmos. Terr. Phys., 33: 497–505.
4. BECCARIA, G. (1775): Della elettricita terrestre atmosferica a Cielo Sereno. Torino.
5. BENTRUP, F. W. (1968): Die Morphogenese pflanzlicher Zellen im electrischen Feld. Z. Pflanzenphysiol., 59: 309–339.
6. BERTHOLON, M. (1783): De l'electricité des végétaux, Paris.
7. BLACK, J. D., FORSYTH, F. R., FENSOM, D. S. and ROSS, R. B. (1971): Electrical stimulation and its effects on growth and ion accumulation in tomato plants. Canad. J. Bot., 49: 1809–1815.
8. BLACKMAN, V. H. (1924): Field experiments in electro-culture. J. agr. Sci. 14: 240–257.
9. BLACKMAN, V. H., LEGG, A. T. and GREGORY, F. G. (1923): The effect of a direct current of very low intensity on the rate of growth of the coleoptile of barley. Proc. roy. Soc. B, 95: 214–228.
10. BRIGGS, L. J. (1938): In: Physiology of Plants. W. Seifriz (ed.), J. Wiley and Sons, New York.
11. BRIGGS, L. J., CAMPBELL, A. B., HEALD, R. H. and FLINT, L. H. (1926): Electroculture. U.S. Dept. of Agric. Bulletin #1379.
12. CLARK, W. M. (1937): Electrical polarity and auxin transport. Plant Physiol., 12: 409–440.

13. COLLINS, G., FLINT, L. H. and MCLANE, J. W. (1929): Electric stimulation of plant growth. J. agr. Res. 38: 585–600.
14. FEDER, W. A. and SULLIVAN, F. (1969): Ozone; depression of frond multiplication and floral production in duckweed. Science, 165: 1373–1374.
15. GARDINI, C. (1784): De influxu electricitatis atmosphericae in vegetantia. Turin, Dissertation.
16. GASSNER, G. (1907): Zur Frage der Elektrokultur. Ber. Dtsch Bot. Ges. 25: 26–38.
17. GRANDEAU L. (1878): Comt. rend. Soc. biol. 87: 60–2, 285–7, 939–40. pp. 60–62 De l'influence de l'électricité atmosphérique sur la nutrition des plantes; pp. 265–267 De l'influence de l'électricité atmosphérique sur la végétation; pp. 939–940 De l'influence de l'électricité atmosphérique sur la fructification des végétaux.
18. GRANDEAU, L. (1879): De l'influence de l'électricité atmosphérique sur la nutrition des vegetaux. Ann. Chime 16: 145–226.
19. HIGINBOTHAM, H. (1973): Electropotentials of cells. Ann. Rev. Plant Physiol., 24: 25–46.
20. IGENHAUSZ, J. (1788): Lettre à M. Molitor au sujet de l'influence de l'électricité atmosphérique sur les végétaux. J. Physique, l'abbé Rozler.
21. KOTAKA, A. and KRUEGER, A. P. (1967): Studies on the air-ion induced growth in higher plants. Adv. Frontiers plant Sci. 20: 115–208.
22. KOTAKA, S. and KRUEGER, A. P. (1972): Air ion effects on RNAase activity in green barley leaves. Int. J. Biometeor., 16: 1–11.
23. KOTAKA, S., KRUEGER, A. P. and ANDRIESE, P. C. (1968): Effect of air ions on light-induced swelling and dark-induced shrinking of isolated chloroplasts. Int. J. Biometeor., 12: 85–92.
24. KRUEGER, A. P. (1969): Preliminary consideration of the biological significance of air ions. Scientia, 104: 460–476.
25. KRUEGER, A. P. and REED, E. J. (1976): Biological impact of small air ions. Science, 193: 1209–1213.

26. KRUEGER, A. P., KOTAKA, S. and ANDRIESE, P. C. (1962): Some observations on the physiological effects of gaseous ions. Int. J. Biometeor., 6: 33–48.

27. KRUEGER, A. P., KOTAKA, S. and ANDRIESE, P. C. (1963): A study of the mechanism of air-ion induced growth stimulation in*Hordeum vulgaris*. Int. J. Biometeor., 8: 17–25.

28. KRUEGER, A. P., KOTAKA, S. and ANDRIESE, P. C. (1964): Studies on air-ion enhanced iron chlorosis. I. Active and residual iron. Int. J. Biometeor., 8: 5–16.

29. KRUEGER, A. P., KOTAKA, S. and ANDRIESE, P. C. (1965): Effect of abnormally low concentrations of air ions on the growth of*Hordeum vulgaris*. Int. J. Biometeor., 9: 201–209.

30. KRUEGER, A. P., KOTAKA, A. and REED, E. J. (1973): The effects of air-ions on plants. Congress International. Le Soleil au Service de l'Homme, Paris, July.

31. KRUEGER, A. P., STRUBBE, A. E., YOST, M. B. and REED, E. J. (1978): Electric fields, small air ions and biological effects. Int. J. Biometeor. 22: 210–212.

32. LEMSTROM, S. (1904): Electricity in agriculture and horticulture, D. van Nostrand. London.

33. MURR, L. E. (1963): Plant growth response in a simulated electric field environment. Nature (Lond.), 200: 490.

34. MURR, L. E. (1964): Mechanism of plant-cell damage in an electrostatic field. Nature (Lond.), 201: 1305–1306.

35. MURR, L. E. (1965a): Biophysics of plant growth in an electrostatic field. Nature (Lond.), 206: 467–470.

36. MURR, L. E. (1965b): Plant growth response in an electrokinetic field. Nature (Lond.), 207: 1177–1178.

37. MURR, L. E. (1966a): Physiological stimulation of plants using delayed and regulated electric field environments. Int. J. Biometeor., 10: 147–153.

38. MURR, L. E. (1966b): Plant physiology in simulated geoelectric and geomagnetic fields. Adv. Frontiers Plant Sci., 15: 97–120.

39. MURR, L. E. (1966c): The biophysics of plant growth in a reversed electrostatic field; a comparison with

conventional electrostatic and electrokinetic field growth responses. Int. J. Biometeor., 10: 135–146.

40. NYROP, J. E. (1946): A specific effect of high frequency electric currents on biological objects. Nature (Lond.), 157: 51.

41. POHL, H. A. (1978): Electroculture. J. Biol. Physics., 5: 3–23.

42. PRATT, R. (1962): Effect of ionized air on early growth of black mustard seedlings. J. Pharm. Sci., 51: 184–185.

43. SALE, A. J. H. and HAMILTON, W. A. (1967): Effects of high electrical fields on micro-organisms. I. Killing of bacteria and yeasts. Biochim. Biophys. Acta (Amst.), 148: 781–788. II. Mechanisms of action of lethal effect. Biochim. Biophys. Acta (Amst.), 148: 789–800.

44. SHARP, E. L. (1967): Atmospheric ions and germination of uredospores of*Puccinia striifornis*. Science, 156: 1359–1360.

45. SIDAWAY, G. H. (1966): Influence of electrostatic fields on seed germination. Nature (Lond.), 203: 303.

46. SIDAWAY, G. H. and ASPRAY, G. F. (1968): Influence of electrostatic fields on plant respiration. Int. J. Biometeor., 12: 321–329.

47. SMITH, R. F. and FULLER, W. H. (1961): Identification and mode of action of a component of positively-ionized air causing enhanced growth in plants. Plant Physiol., 36: 747–751.

48. STERSKY, A., HELDMAN, D. R. and HEDRICK, T. I. (1970): Effect of a bipolar oriented electric field on micro-organisms. J. Milk Foods Tech., 33: 545–549.

49. STURGEON, W. (1846): On the electro-culture of farm crops. J. Highland and Agr. Soc., 262–299.

50. WENT, F. W. (1932): Eine botanische Polarisationstheorie. Jb. wiss. Bot., 76: 528–557.

51. WHEATON, F. W., LOVELY, W. G. and BOCKHOP, C. W. (1971): Effects of static and 60 Hz electrical fields on the germination rate of corn and soy beans. Trans. ASAE: 339–342.

52. BOLETÍN 1379, DEPARTAMENTO DE AGRICULTURA DE EE. UU. Electroculture experiments. 1881, F. Elfving. Holdefleiss (235) en 1884. Wollny (48) 1883,

1886, 1887. 1906 Newman (37) y Lodge (33), en Evesham.

53. GRANDEAU 1878. État électrique de l'atmosphère sur la croissance de la végétation

54. Results of electroculture treatment of potato varieties. Dumfries, Scotland, by Dudgeon 1911 y 191

* Hay muchos estudios e informes científicos que no he incorporado porque este Manual no es un informe científico. Sólo se mencionan a modo de respaldo.

A continuación vamos a ir viendo por secciones cómo se produce la electricidad atmosférica y el magnetismo terrestre, y cómo podemos fertilizar nuestros cultivos con este sistema, comprobado por miles de artículos y experimentos.

Dudo que otro sistema de agricultura tenga tantos méritos experimentales y documentales como el electrocultivo, a la vez de ser ecológico y de fuente inagotable.

Como se puede apreciar en la imagen siguiente, los días de tormentas se produce un aumento considerable de electricidad atmosférica, favoreciendo el desarrollo de los cultivos, cuando tenemos dispositivos instalados para ese fin.

Fue lo que descubrió el Prof. Lenström de Finlandia, observando el crecimiento de árboles y plantas, cuando se producían auroras boreales.

Y lo más importante es que es gratis e inagotable...

Imagen de PIXABAY con licencia estándar

4. LA ELECTRICIDAD ATMOSFÉRICA

La electricidad atmosférica es la variación diurna de la red electromagnética de la atmósfera (o cualquier sistema eléctrico en la atmósfera de un planeta). La superficie de la Tierra, la ionosfera, y la atmósfera se conocen como el "circuito eléctrico atmosférico mundial".

El medio atmosférico, no sólo contiene electricidad combinado, como cualquier otra forma de la materia, sino también una cantidad considerable en estado libre y sin combinar, **pero como regla general es siempre de naturaleza opuesta a la de la tierra.** El fenómeno de la electricidad atmosférica puede ser de tres tipos. Está el **fenómeno eléctrico de las tormentas** y el **fenómeno de la electrificación continua en el aire**, y el **fenómeno de la aurora polar** constituye el tercer tipo.

En días buenos, el gradiente potencial en la atmósfera es casi invariablemente de signo positivo (es decir, una carga positiva tiende a moverse hacia abajo), y la magnitud del gradiente vertical es del orden de 100 voltios por metro, aunque varía continuamente.

Cuando las tormentas están en el cielo, el gradiente potencial puede ser ya sea positivo o negativo y cambia de signo con frecuencia. La magnitud del gradiente potencial también sufre amplias fluctuaciones, durante el tiempo tormentoso alcanzando frecuentemente valores de 10.000 voltios por metro, 100 veces el gradiente normal.

Un examen más detallado de la atmósfera inferior muestra que las partículas cargadas, partículas o iones, siempre están presentes tanto positivo como negativo se encuentran iones, siendo generalmente los iones positivos un poco más numerosos. Están formados por grupos de moléculas débilmente unidas y llevando una carga. Con frecuencia, estos pequeños iones se unen y se convierten en partículas de polvo, convirtiéndose así en grandes iones, que se mueven mucho menos rápido que los iones pequeños.

Cuando el gradiente de potencial es positivo, los iones negativos se mueven hacia arriba y los iones positivos hacia abajo al suelo, por lo que constituyen una corriente eléctrica que fluye del aire a la tierra.

En la mayoría de los experimentos de campo realizados en Arlington Experiment Farm entre 1908-1918 mayormente por EW Hudson y W. Seifriz, la altura estándar de la red era de 5 metros, y el potencial de la red era de aproximadamente 50.000 voltios.

Por lo tanto, el gradiente de potencial promedio debajo de la red fue del orden de 10.000 voltios por metro, o descendiente unas 100 veces lo normal cuando hace buen tiempo.

Esto produciría una corriente aire-tierra alrededor de 100 veces la corriente normal mientras que el contenido de iones del aire se mantuvo normal.

Sin embargo, se produjo una marcada ionización en la red, de manera que el número de iones positivos por unidad de volumen bajo la red era mucho más alto de lo normal. Esto fue demostrado por medio de mediciones hechas cuando la red estaba cargada y una suave brisa soplaba. En el lado de barlovento de la red las condiciones eran normales, pero en el lado de sotavento se produjo un aumento considerable.

TORMENTAS ELÉCTRICAS. Cuando una nube cargada de electricidad se acerca a otra de carga contraria, o desciende muy cerca del suelo, puede saltar una inmensa chispa entre las dos. Como el aire es un buen aislante, la chispa tiene que llevar mucha energía para poder atravesarlo. **El relámpago es simplemente una descarga eléctrica repentina. Descarga entre dos nubes o entre una nube y la tierra, mientras que una aurora polar es una descarga gradual de electricidad a través del aire enrarecido.**

ELECTRIFICACIÓN CONTINUA DEL AIRE.

Científicos afirman que la electricidad atmosférica juega un papel importante en la formación de lluvia, granizo y nieve.
La atmósfera generalmente está cargada positivamente, en contraste con la Tierra que tiene carga negativa. Y es una fuente inagotable.

AURORA POLAR. En el hemisferio Sur se llama AURORA AUSTRAL, y en el hemisferio norte AURORA BOREAL.
Nuestro sol emite un flujo constante de partículas cargadas **(radiación cósmica)** en todas direcciones, conocido como "el viento solar", que barre el espacio a un millón y medio de kilómetros por hora. Si estas partículas golpearan la Tierra, nos expondrían a una radiación dañina y nuestra atmósfera desparecería. Afortunadamente el campo magnético de nuestro planeta nos protege. Cuando las partículas cargadas nos alcanzan, bombean el campo magnético con energía, que las catapulta hasta la parte posterior de la Tierra a través unas líneas invisibles que parten de los dos polos, y que son como un imán. Las partículas fluyen en la magnetosfera de la misma forma que lo hace un río alrededor de una piedra o de un pilar de un puente y, al quedar atrapadas, colisionan con átomos de oxígeno y nitrógeno y provocan la emisión de luz. Debido a que descienden por las líneas del campo magnético que desembocan cerca de los polos, se forman anillos de aurora

alrededor del globo en latitudes altas. **La aurora que vemos es el resultado de miles de millones de átomos excitados que emiten pequeños destellos de luz en lo alto del cielo nocturno polar.**

Por el aire circulan cargas eléctricas aunque no nos percatemos. Para comprobar la existencia de moléculas ionizadas en el aire se puede colocar un detector.

¿De dónde provienen estas cargas eléctricas que hacen a la atmósfera conductora?

Se creyó por muchos años que las cargas en la atmósfera se originaban de la actividad radiactiva de la Tierra. Estos fenómenos radiactivos ionizan las moléculas del aire y esto lo hace conductor.

El **físico estadounidense Víctor Franz Hess, en 1912**, pensaba que "Si éste fuera el origen de la naturaleza conductora de la atmósfera, la ionización del aire debería disminuir a medida que nos desplazamos a mayores alturas, porque la radiactividad proviene del suelo". Para comprobarlo realizó un experimento.

Hess diseñó y construyó un aparato para medir la conductividad del aire. Usando dos placas metálicas, planas, paralelas, colocadas a una distancia muy pequeña. Las placas eran cargadas usando una batería con cargas de diferente signo. El aire que hay entre las placas es conductor, por ello, las cargas de la placa negativa se desplazan de forma lenta hacia la placa positiva y de este modo se va perdiendo la carga neta que inicialmente tenía acumulada cada placa. La ionización del aire, es decir, la cantidad de carga que hay en el aire se mide con la rapidez con que se produce la descarga de las placas, cuando el electrómetro marca cero significa que las placas se han descargado (carga neta cero). Si las placas se descargan en un corto tiempo, significa que el aire está muy ionizado, es muy buen conductor.

A partir de este experimento, se trató de buscar ese "factor externo" que generaba las cargas en la atmósfera, se origina así una nueva investigación que termina en el descubrimiento de los rayos cósmicos.

En la actualidad sabemos que en su mayoría, las cargas que se encuentran en la atmósfera son partículas subatómicas con carga positiva originadas en el espacio exterior, los rayos cósmicos.

Estos rayos, debido a su elevada energía cinética, ionizan las moléculas de la atmósfera, convirtiendo en conductor al aire.

¿CÓMO AFECTA LA ELECTRICIDAD AL CRECIMIENTO DE PLANTAS?

El inventor Jim Lee en Estados Unidos lo explica de manera brillante en su solicitud de patente estadounidense US2015070812:

"Las moléculas de dióxido de carbono con carga negativa son absorbidas más fácilmente por las plantas durante la fotosíntesis, lo que aumenta el proceso de separación de carga foto inducida que transporta electrones, a través de una cadena de transporte de electrones dentro del organismo.
El resultado es un crecimiento más rápido, una planta o fruta más abundante y una vida más sana. Los iones atmosféricos están entonces disponibles para complementar el proceso de fotosíntesis, así como la respiración de la planta y la absorción de agua y minerales en el suelo.
La fuente de iones de alto voltaje también ayuda a mitigar la infestación de herbívoros no deseados".

Nitrógeno.
Se ha demostrado que **la electricidad tiene un efecto nitrificante sobre el suelo**, y todo agricultor conoce el valor

de este ingrediente en el desarrollo de cultivos. Se han hecho análisis de suelo tomado de debajo de los cables de descarga eléctrica en los que se encontró más nitrógeno que en suelo tomado de la zona no electrificada. **El nitrógeno se compone de cuatro quintas partes de la atmósfera,** pero en su estado libre no se aprovecha de las plantas como alimento, excepto en el caso de las legumbres.

El poder de obtener nitrógeno del aire está relacionado con la formación de nódulos, cuyas bacterias penetran en las raíces y fija el nitrógeno, almacenándolo así en las plantas para que ellas puedan alimentarse.

La importancia de la electricidad en la conexión con la nitrificación del suelo; **la lluvia hace descender alrededor de 4,85 kg de nitrógeno por 4.000 m2 al año,** y una mayor proporción es precipitada más por la cantidad de truenos que por la lluvia misma cuando la atmósfera está menos cargada eléctricamente; la descarga del rayo provoca una combinación del oxígeno y nitrógeno en el aire, el producto de que es traído por la lluvia a la tierra, agregando así pequeños cantidades de nitratos a su almacén para la nutrición de las plantas y que, aunque de ningún modo es suficiente para mantener el suministro requerido por ellos, es un complemento considerable a métodos artificiales de enriquecimiento del suelo. Por lo tanto, podemos aumentar este suministro de nitrógeno al suelo a partir de fuentes naturales y de estiércol con la ayuda de la aplicación de electricidad, que en sí misma es una ganancia considerable.

Asimilación.

Otra sugerencia es que la corriente eléctrica en la tierra ayuda a hacer que ciertos alimentos vegetales contenidos en él sean más solubles, y por lo tanto más fácil de asimilar. Para considerar la analogía, podemos comparar la acción de la corriente con una de peptonizante.

"El sol tiene una poderosa acción sobre el suelo descomponiendo sus constituyentes, y aunque la descarga eléctrica no puede tomar el lugar de la luz del sol en una forma menor, es muy posible que ayude al crecimiento, especialmente en días nublados. La falta de suficiente sol en nuestro clima es una de las grandes razones por las que nuestras cosechas son menos exuberantes que en esos países donde, desde el momento de la siembra de semillas hasta la cosecha de los cultivos, una rara vez se registra un día sin sol. Tenemos algunos días, en temporadas excepcionales quizás unas pocas semanas seguidas, de cielo sin nubes y sol brillante, durante cuyo período la vegetación avanza vigorosamente; luego vienen días en que el cielo es opaco y gris y la vida vegetal parece prácticamente detenida.

¿No es una inferencia natural hacer que la descarga eléctrica, aunque de ninguna manera tiene la poderosa influencia del sol, acelere el crecimiento donde de otro modo estaría haciendo un progreso muy imperceptible?

Humedad.

Los pequeños intersticios entre las partículas del suelo tienen la capacidad de absorber la humedad de los niveles inferiores por lo que es conocida como atracción capilar. Si tomamos un pequeño capilar, tubo de vidrio doblado en forma de herradura, vertemos un poco de agua en él hasta que llene aproximadamente la mitad del tubo, se observará que el agua permanece al mismo nivel en ambos lados. Al colocar una carga eléctrica con un alambre (negativo) sobre un brazo del tubo, el agua se desliza por el costado del vidrio debajo del cable cargado; de hecho, podríamos imaginar razonablemente que en una corriente de energía negativa, la electricidad que atraviesa el suelo podría ayudar sustancialmente a estos diminutos pasajes en su trabajo de extracción de humedad desde un nivel inferior.

Corrientes eléctricas débiles están pasando a través de las plantas y descargando de la atmósfera por medio de las hojas. Probando directamente plantas vivas se ha detectado una corriente débil cuando la savia fluye vigorosamente, por lo que sería bastante razonable suponer que al aumentar estas pequeñas corrientes deberíamos tener un aumento en el flujo de savia y en consecuencia una mayor estimulación de la planta. La formación tanto de almidón como de azúcar se ha encontrado que aumenta bajo la influencia de la descarga, y la germinación se acelera.

LOS MINERALES EN LOS CULTIVOS

El nitrógeno es un componente de **las proteínas**, los ácidos nucleicos y la clorofila, y, como tal, es un requisito importante para el crecimiento de las plantas. Sus compuestos comprenden alrededor del 50 por ciento de la materia seca del protoplasma, la vida sustancia de las células vegetales.
La deficiencia provoca un crecimiento lento y larguirucho en todas las plantas y las hojas se vuelven amarillas (clorosis) por falta de clorofila. Los tallos pueden ser rojos o morados debido a la formación de otros pigmentos.

El fósforo es importante en la producción de ácido nucleico y en la formación de trifosfato de adenosina. Grandes cantidades son por lo tanto concentradas en el meristemo. Los fosfatos orgánicos, tan vitales para la respiración de la planta, también se requieren en órganos activos como las raíces y fruto, mientras que la semilla debe almacenar niveles adecuados para la germinación. Los suministros de fósforo en la etapa de plántula son críticos; la raíz creciente tiene un alto requerimiento y la capacidad de la planta para establecerse depende en que las raíces puedan aprovechar los suministros en el suelo antes que las reservas en la semilla se agoten.

El magnesio es un constituyente de la clorofila. También está involucrado en la activación de algunas enzimas y en el movimiento del fósforo en la planta. Los síntomas de deficiencia aparecen inicialmente en las hojas más viejas porque el magnesio es móvil en la planta.

El calcio es un componente principal de las paredes celulares de las plantas como pectato de calcio, que une las células. También influye en la actividad de meristemos especialmente en las puntas de las raíces. El calcio no es móvil en la planta.

El azufre es un componente vital de muchas proteínas que incluye muchas enzimas importantes. También interviene en la síntesis de clorofila.
En consecuencia una deficiencia produce una clorosis que, debido a la relativa inmovilidad del azufre en la planta, se muestra primero en las hojas más jóvenes.

El hierro y **el manganeso** intervienen en la síntesis de la clorofila; aunque no forman parte de la molécula son componentes de algunas enzimas requeridas en su síntesis. Deficiencias de ambos minerales resultar en clorosis de las hojas.

El boro afecta varios procesos, como la translocación de azúcares y la síntesis de ácido giberélico en algunas semillas.

El cobre es un componente de varias enzimas. Deficiencia en muchos da como resultado hojas de color verde oscuro, que se retuercen y pueden marchitarse prematuramente.

El zinc, también implicado en enzimas, produce una deficiencia característica síntomas asociados con el desarrollo deficiente de las hojas, por ejemplo, 'poca hoja' en cítricos y melocotón, y 'hoja rosetón' en manzanas.

El molibdeno ayuda a la absorción de nitrógeno, y aunque se requiere en cantidades mucho más pequeñas, su deficiencia puede resultar en una planta reducida niveles de nitrógeno.

FUNCIONAMIENTO DE LA ELECTRICIDAD ATMOSFÉRICA

La electricidad atmosférica es la variación diurna de la red electromagnética de la atmósfera. La superficie de la Tierra, la ionosfera, y la atmósfera se conocen como el "circuito eléctrico atmosférico mundial".

Siempre hay electricidad libre en el aire y en las nubes, que actúan por inducción sobre la tierra y los dispositivos electromagnéticos. Los experimentos han demostrado que siempre hay electricidad libre en la atmósfera, la cual es unas veces negativa y otras veces positiva, pero la mayoría de las veces es en general positiva, y la intensidad de esta electricidad libre es mayor a mediodía que por la mañana o la noche y es mayor en invierno que en verano.

Hacia la mitad del siglo XVIII Benjamín Franklin demostró por primera vez la naturaleza eléctrica del rayo. Elevando una cometa en medio de una tormenta eléctrica y conduciendo una descarga hasta un condensador (botella de Leyden), demostró que había almacenado algo que presentaba el mismo comportamiento que las cargas eléctricas (que se generaban en esa época por fricción). Simultáneamente en otros lugares del mundo se realizaban investigaciones similares como la del científico ruso Giorgi W. Richman, quien pereció electrocutado en una de sus pruebas.

El rayo es una poderosa descarga electrostática natural, producida durante una tormenta eléctrica. La descarga eléctrica precipitada del rayo es acompañada por la emisión de luz (el relámpago), causada por el paso de corriente eléctrica que ioniza las moléculas de aire, y por el sonido del trueno, desarrollado por la onda de choque. La electricidad (corriente eléctrica) que pasa a través de la atmósfera calienta y expande rápidamente el aire, produciendo el ruido característico del rayo, es decir, el trueno. Generalmente, los rayos son producidos por partículas negativas por la tierra y positivas a partir de nubes de desarrollo vertical llamadas cumulonimbos. Cuando un cumulonimbo alcanza la tropopausa, las cargas positivas de la nube atraen a las cargas negativas, causando un relámpago y/o rayo. Esto produce un efecto de ida y vuelta, esto se refiere a que al subir las partículas instantáneamente regresan causando la visión de que los rayos bajan.

La descarga atmosférica conocida como rayo, es la igualación violenta de cargas de un campo eléctrico que se ha creado entre una nube y la tierra o, entre nubes. Se presentan cuando se forman grandes concentraciones de carga eléctrica en las capas de la atmósfera inmediatamente inferiores a la estratosfera (alturas entre 5 y 12Km). Al aumentar la carga se forman potenciales de hasta 300 MV entre nubes y tierra.

La descarga se forma en nubes de tormenta del tipo cumulonimbus. Estas se caracterizan por estar formadas por columnas de aire caliente que ascienden por convección, cuando la atmósfera se hace inestable, debido a grandes gradientes de temperatura.

El interior de esas nubes, es recorrido por rápidas corrientes de aire ascendente y descendente de velocidades hasta de 300 km. La carga eléctrica se forma al separar estas fuertes corrientes de aire, las partículas de agua y hielo en partículas ionizadas. La carga se concentra en un disco de un diámetro de 10 Km. y una altura aproximada de 5 km.

Esta carga es en la mayoría de los casos predominantemente negativa. A medida que se empieza a incrementar la carga y el voltaje en las cercanías de las nubes cargadas, se empieza a rebasar el gradiente crítico, (30 kV en aire seco, 10 kV en las condiciones de presión y presencia de gotas de agua existentes en las nubes).

Se empieza a presentar ionización del aire y por lo tanto, se van formando caminos para la conducción de la carga hacia el punto de potencial cero que es la tierra.

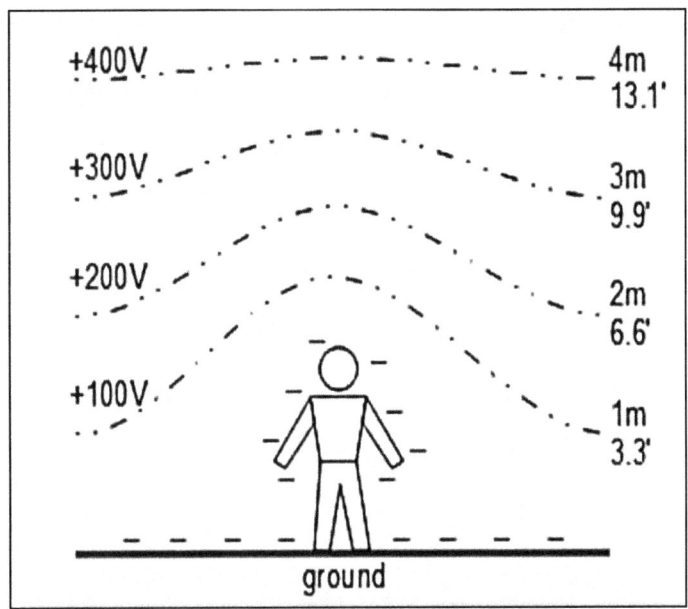

A mayor altura, mayor voltaje

Durante el siglo XIX se hicieron nuevos descubrimientos como, entre otros, que la superficie terrestre está cargada negativamente (demostrado en 1842), o las primeras estimaciones en 1897 de la corriente eléctrica en rayos. Sin embargo, surgían nuevas preguntas: ¿cuál era el origen de la conductividad eléctrica del aire?, ¿cómo se mantienen tanto el campo eléctrico como la corriente eléctrica de "buen tiempo"?, o ¿por qué se mantiene cargado negativamente el suelo que pisamos si no cesa de llegar corriente positiva desde arriba?, ¿cómo se recarga la ionosfera de carga positiva?

Encontrar las respuestas a estos interrogantes fundamentales mantuvo ocupados a muchos científicos hasta el primer tercio del siglo XX. Las respuestas vinieron, literalmente, del cielo. El descubrimiento de los rayos cósmicos por Victor Hess en 1912 clarificó el origen de los iones en la atmósfera que, en presencia del campo eléctrico ambiental, explica la conductividad eléctrica de la atmósfera.

Sin embargo, la existencia de los rayos cósmicos no respondía a todas las preguntas formuladas anteriormente.

Nuestra atmósfera es una gigantesca máquina eléctrica cuyas baterías son las tormentas y los rayos. Como sugirió F. Linss en 1887 y después demostró Charles T. R. Wilson en 1920, los rayos llevan carga eléctrica negativa al suelo, mientras que la carga positiva de la parte alta de las nubes de tormenta es transportada hacia la ionosfera que, después, en regiones de "buen tiempo", origina una corriente eléctrica positiva aproximadamente constante hacia el suelo. Lo anterior es una versión muy simplificada de la teoría del circuito eléctrico global propuesta por Wilson en 1921 para explicar el origen de las corrientes eléctricas atmosféricas.

Como dato interesante, el velero Carnegie de la Institución Carnegie de Washington realizó entre 1915 y 1921 medidas del gradiente de potencial eléctrico de "buen tiempo" en todos los mares del planeta en función de la hora universal (UT, GMT en aquella época). Encontró lo que hoy se llama la "curva de Carnegie", que muestra que el potencial eléctrico atmosférico oscila entre un mínimo de ochenta y cinco voltios por metro a las 4 am (UT) y un máximo de ciento veinte voltios por metro a las 7 pm (UT), siendo estos valores ligeramente mayores en invierno que en verano. Esta curva se ha llegado a definir como la expresión del latido eléctrico del planeta, ya que la mayor actividad tormentosa a nivel global (hay unas cuarenta mil tormentas activas al día en todo el globo) se produce justo entorno a las 7 pm (UT).

Hace doce años, el químico Fernando Galembeck encontró cargas eléctricas esparcidas en la superficie y en el interior de partículas y películas de látex naturales y sintéticos. Las cargas no deberían hallarse ahí, pero estaban, contrariando la supuesta verdad que reza que materiales plásticos tales como aquéllos, utilizados en la fabricación de muebles y computadoras, serían eléctricamente neutros. Reuniendo resultados similares, Galembeck y su equipo en el Instituto de Química de la Universidad Estadual de Campinas (Unicamp) desarrollaron un conjunto de conocimientos con hipótesis, descubrimientos y demostraciones -un modelo científico-sobre la asiduidad y las interacciones de las cargas eléctricas positivas o negativas que habitan en cuerpos supuestamente neutros.

Los conceptos que emergen en la Unicamp y en otras universidades en Estados Unidos, amplían las posibilidades de estudio de la interacción de materiales entre sí y con el medio ambiente -ya que el aire y la mera humedad del aire también pueden transportar cargas eléctricas- explicando la formación de los relámpagos, por ejemplo. También inspiran la construcción de nuevos equipamientos. En 2007, los descubrimientos del físico estadounidense Lawrence Schein, ex investigador de Xerox e IBM, sobre partículas con cargas eléctricas, motivaron la creación de una empresa en Taiwán para desarrollar una tecnología de impresión color láser (las impresoras color actualmente son hasta tres veces más caras que las blanco y negro).

Aparte de las impresoras láser, la electricidad estática -o electrostática- es parte del funcionamiento de máquinas copiadoras y de un tipo de pintura que protege frigoríficos y cocinas contra los efectos de las variaciones constantes de temperatura. Las descargas electrostáticas pueden destruir chips de computadoras, interferir en transmisiones televisivas u originar incendios y explosiones en fábricas, globos dirigibles o cohetes, tal sucedió con el vehículo de lanzamiento del satélite brasileño en 2003. O causar sustos tales como la descarga que podemos sufrir al asir un picaporte en un día seco. Al inducir el paso de la electricidad de un rayo por el hilo de una cometa de papel, Benjamin Franklin no sólo entró en la historia como inventor (más tarde ingresaría también como presidente de Pennsylvania y uno de los padres fundadores de Estados Unidos), sino que también presentó al mundo una forma de energía que ahora cobra mayor importancia.

Dos siglos más tarde, por caminos paralelos, algunos científicos como Galembeck y el químico George Whitesides, quien coordina un grupo de investigación en la Universidad de Harvard, Estados Unidos, están arribando a la misma conclusión: no existe nada eléctricamente neutro. En 2007, Whitesides era uno de los autores de un artículo publicado en la revista Journal of American Chemical Society, que invitaba a revisar el principio de la electroneutralidad, enseñado en los colegios y facultades a los estudiantes de química, física e ingeniería. En 2008, en otro estudio, Whitesides refrendaba también la siguiente declaración: "Cualquier material que tenga iones [partículas con carga eléctrica predominantemente positivas o negativas] en su superficie o en su interior, puede comportarse como un electreto iónico" [los electretos son materiales con un campo eléctrico permanente en su superficie, que funcionan para la electrostática tal como los imanes para el electromagnetismo]. "Cuando este material entra en contacto con otro, los iones pueden circular de uno al otro".

Un grupo de investigación de Bioelectromagnetismo aplicado a la ingeniería agroforestal de la Universidad Politécnica de Madrid (UPM) ha confirmado que un tratamiento magnético produce un efecto positivo en la germinación y desarollo de las semillas. En el estudio se pudo constatar que el tratamiento magnético estimula la germinación de las semillas, acelerando su proceso con resultados medibles hasta el 90% según los casos.

Todo esto ya lo había referido el Dr. Robert Becker, cuando en 1985 publica su libro THE BODY ELECTRIC (EL CUERPO ELÉCTRICO), donde analizaba en profundidad los campos electromagnéticos y su influencia en el cuerpo humano y en todos los seres vivos.

BENEFICIOS DE LOS ELECTROCULTIVOS

Lista de los principales efectos que se pueden observar en las plantas después de haberlas estimulado con electricidad atmosférica:

Aumento de la fertilidad del suelo

Aumento de la tasa de crecimiento

Aumento del rendimiento del 30% al 200%

Frutos de mayor tamaño y vegetales

Protección contra diversas enfermedades

Los Electrocultivos son una materia muy amplia. Existen docenas de técnicas diferentes y normalmente complementarias. Debido al olvido durante tanto tiempo, ahora se está en todas partes en etapas experimentales, y esto significa que podemos ir creando nuestros propios diseños.

Esto es solo el comienzo del nuevo desarrollo de este sistema en el siglo XXI.

5. DIFERENTES TECNICAS DE ELECTROCULTIVOS

Aquí se detallan algunas de las técnicas utilizadas y, muchas de ellas complementarias, de diversos inventores:

Antenas atmosféricas. Sistema Christofleau y variantes.

Fertilizador electromagnético. Sistema Christofleau.

Torres Paramagnéticas. Transmisor de ondas de frecuencias naturales, como las ondas Schumann.

Harina de basalto. Basalto volcánico

Agnihotra: Técnicas simples y efectivas que inspiraron las técnicas Biodinámicas Ayurvédicas.

Pirámides que impulsan a las semillas del huerto, construcción de invernaderos pirámide, pirámides de diversos materiales.

Imanes de ferrita de diferentes medidas.

Antena en forma de caracol (espirales), situadas al pie de las plantas.

Circuitos de anillo Lakhovsky, para plantas y árboles.

Hay que destacar que si bien este sistema de electrocultivos parte de la premisa que los creadores imaginaron en su tiempo, hoy con los conocimientos que existen, se están diseñando no solo aparatos sin modelos adaptados a nuevas invenciones, que optimizan la gestión de electrocultivos, haciendo muy dinámica esta disciplina.

ANTENA DE ELECTRICIDAD ATMOSFÉRICA

Durante el desarrollo de una tormenta eléctrica, la atmósfera se carga en grandes cantidades, lo que luego el rayo descarga esa energía.

Esto es fundamental para los cultivos, ya que esa carga positiva encuentra en la tierra la carga negativa, y por tanto le da un fuerte empuje a los cultivos, acelerando su proceso.

La antena de electricidad atmosférica tiene el objetivo de captar la electricidad atmosférica, y canalizarla a través de un alambre de hierro galvanizado normal que se encuentra dentro del tubo metálico (hierro galvanizado o cobre) que la sostiene. Este alambre debe enterrarse a 14 cm de profundidad en la tierra, o conectarlo a una rejilla situada en la tierra de cultivos, o directamente a alguna planta o árbol junto a sus raíces.

Hay 2 tipos de antena: modelo Christofleau y otro con 3 espirales de IGUINA (PIER LUIGI IGUINA fue un genial inventor italiano con grandes descubrimientos en el campo electromagnético).

Una instalación de varias antenas permite crear una especie de cúpula de energía en el sitio.

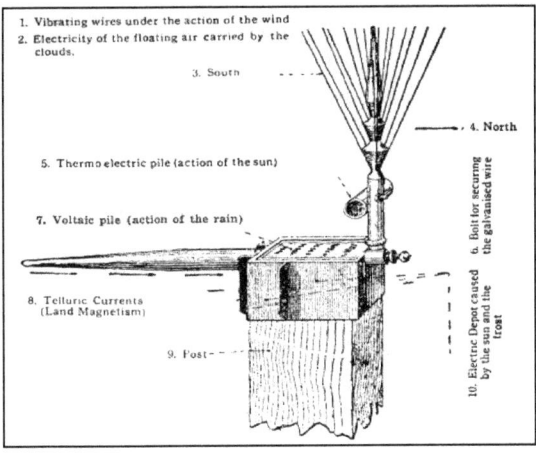
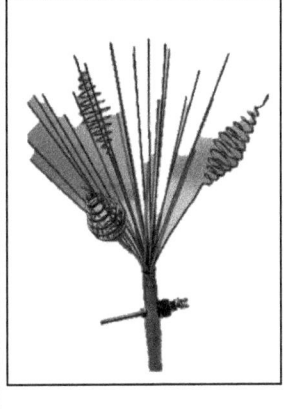

Tomamos como base los lineamientos dictados por CHRISTOFLEAU, con la incorporación de otros conocimientos posteriores para un mejor desempeño.

1. Fijar el cabezal de la antena sobre un tubo de hierro galvanizado o cobre de unos 7,62 metros con un imán de ferrita. Éste tubo debe ir sobre una base de madera o metal de 1,5 metros, que debe ser enterrado. El tubo queda a ras del suelo.

2. Fijar un alambre flexible de hierro galvanizado que desde la cabeza de la antena pase por el tubo hasta el final, donde se hará un orificio antes para que pueda pasar por allí. Se suelda el alambre al cabezal de la antena.

3. debido a la altura del tubo, utilizar 3 cables de sujeción debidamente fuertes para evitar que se caiga con algún viento fuerte.

4. Enterrar el cable a 25 cm en el suelo que se quiere electrificar, o conectar a rejilla puesta previamente, o conectar a planta o árbol del mismo modo.

5. el funcionamiento exitoso depende completamente de la dirección precisa del puntero del aparato (**Sur magnético**) y el cable subterráneo (**Norte magnético**).

6. En caso de tener un terreno grande, y se desea instalar más antenas, es necesario tener en cuenta que la distancia mínima entre antenas es de 25 metros.

CABEZAL DE ANTENA. A una pieza de tubo de acero de 10 ó 12 mm de diámetro interior se sueldan unos diez hilos de hierro galvanizado de gran espesor.

Las varillas de hierro galvanizado acentúan el efecto pico y la comunicación de cargas y corrientes eléctricas entre el cielo y la tierra y viceversa. Esto amplifica los fenómenos de electricidad natural alrededor de la antena favoreciendo así generalmente a los cultivos que la rodean. Por lo tanto, la antena puede deslizarse fácilmente con el tubo alrededor del extremo de una barra de refuerzo o un tubo de cobre para hacer una antena de electrocultivo tipo pararrayos.

En el tubo hay pernos fijos o pernos de mariposa, con un orificio que le permite conectar también un cable de hierro galvanizado o un cable de cobre.

Sobre una varilla roscada horizontalmente se coloca un imán de ferrita, que permite acentuar el campo magnético y servir de antena para las energías magnéticas telúricas de la tierra.

Altura de la antena: 7-7,62 metros

Los cables deben ser enterrados a 25 cm en el suelo.

El radio de acción de una antena de este tipo es generalmente aproximadamente igual a su altura.

El radio de acción se puede aumentar significativamente si la antena se conecta a un cable de hierro galvanizado que luego se coloca o se entierra de norte a sur a lo largo de varios metros, o incluso de varias decenas a cientos de metros. Luego, la antena se conecta al extremo sur geográfico del cable, por lo que el cable se extiende hacia el norte hasta la tierra desde la antena.

SUGERENCIAS OPORTUNAS DE INSTALACIÓN

La inserción de cables en la dirección norte-sur está equipada cada uno con una antena magnética.

Inserción de hilos en dirección norte-sur rodeados de polvo de roca paramagnética o magnetita.

Instalación de una antena terrestre rodeada por una malla de alambre a intervalos regulares.

Instalación de imanes de tierra (enterrados) a intervalos específicos en el campo y tierra.

También se debe tener en cuenta que los resultados probablemente variarán mucho debido a las diferentes fuerzas de los cables y su profundidad de instalación y debido a los diferentes tipos de imanes o antenas.

También es probable que las condiciones del suelo, el equilibrio hídrico y otros factores causen resultados variables. Sin embargo, en pruebas en campos comparables, siempre se puede medir una diferencia y, a menudo, se puede ver muy claramente. A más tardar cuando el tallo de la patata supera el metro de altura o el centeno brota a más de 2 metros, está claro que aquí está pasando algo que no tiene que ver con la agricultura convencional.

Esto no significa que no existan otras formas de estimular el crecimiento y la salud de las plantas para obtener resultados comparables. Semillas tratadas en pirámides o con el método Agnihotra son solo otros dos ejemplos de cuantas formas hay de apoyar a la naturaleza en la electrocultura o electrocultivos.

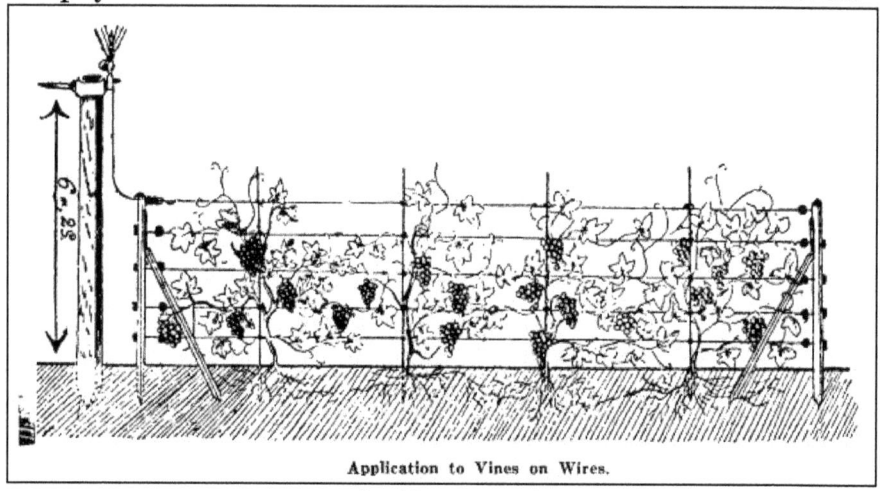

Application to Vines on Wires.

Instalación para viñas

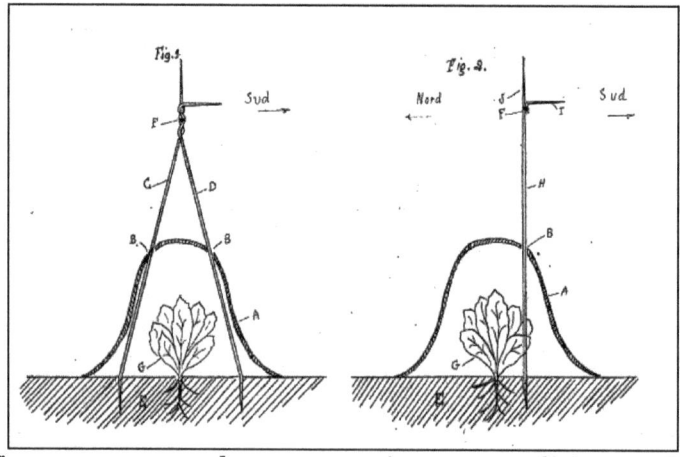

Gráfico que muestra el comportamiento atmosférico en plantas

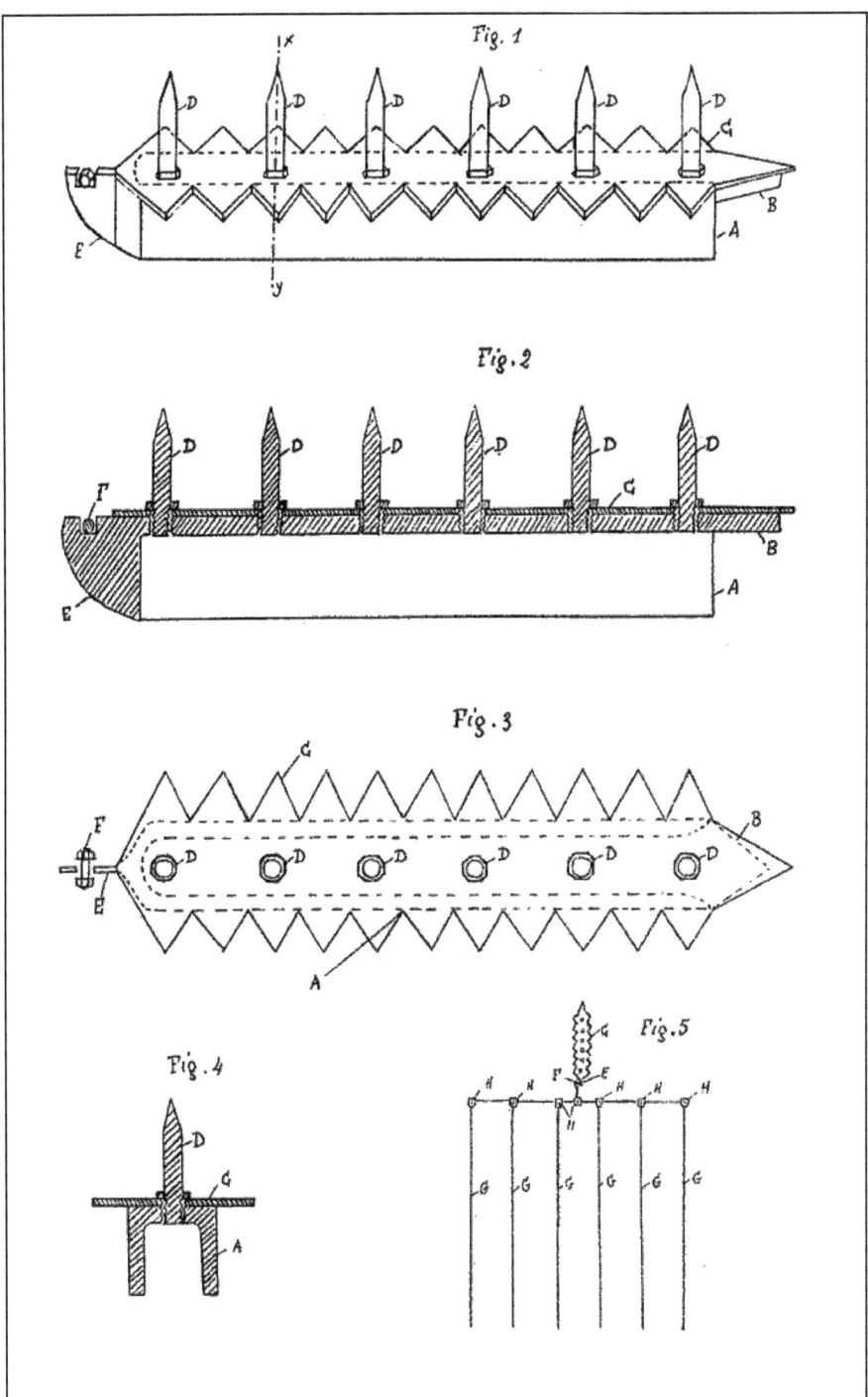

Diseño para medianas y grandes extensiones

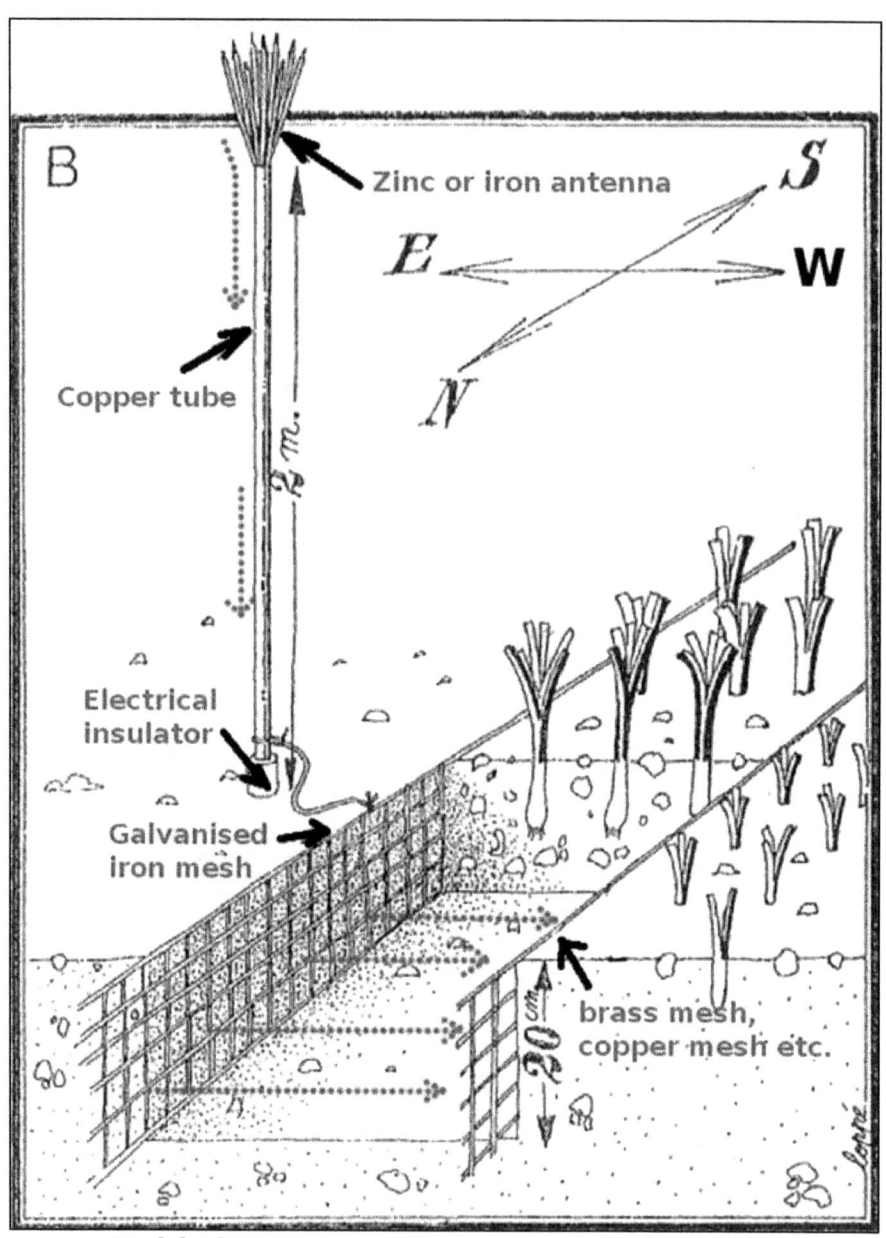

Modelo de antena y rejilla con alambre galvanizado

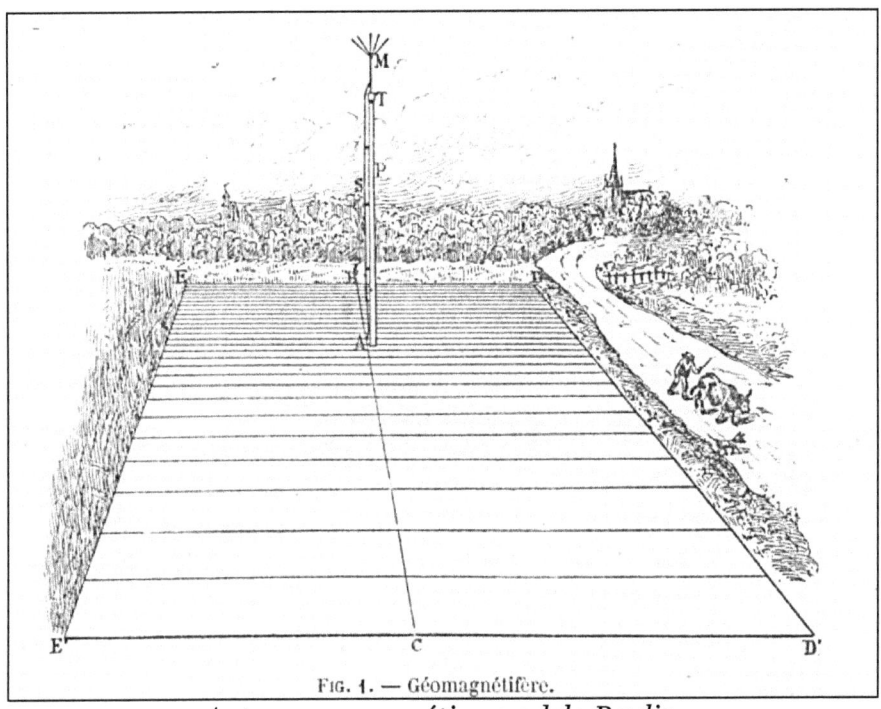

FIG. 1. — Géomagnétifère.

Antena geomagnética modelo Paulin

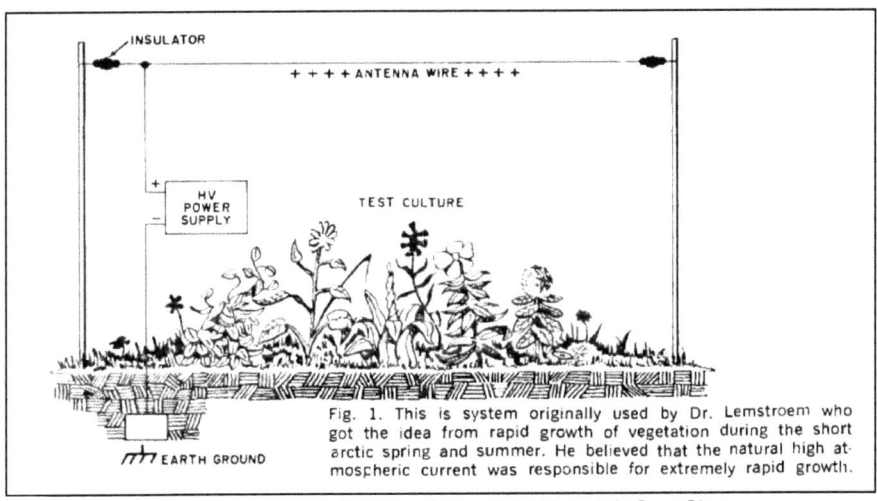

Fig. 1. This is system originally used by Dr. Lemstroem who got the idea from rapid growth of vegetation during the short arctic spring and summer. He believed that the natural high atmospheric current was responsible for extremely rapid growth.

Experimento del Prof. Lemström, Finlandia

LAS PIRÁMIDES

Desde tiempos remotos se conocen las propiedades y beneficios de las pirámides, en especial con el electromagnetismo.

Lo bueno del asunto es que puede ser construida con cualquier tipo de material, aunque no sea demasiado estable, incluso con alambre de hierro galvanizado.

El ejemplo de Les Brown es más complejo, pero también puede construirse para obtener más rendimiento.

Inclusive se está utilizando mucho en Francia la colocación de pequeñas pirámides en el huerto, como complemento y los resultados son muy positivos.

Como he dicho antes, todos los elementos son diferentes pero complementarios, ya que la suma de esfuerzos logra resultados positivos imprevisibles.

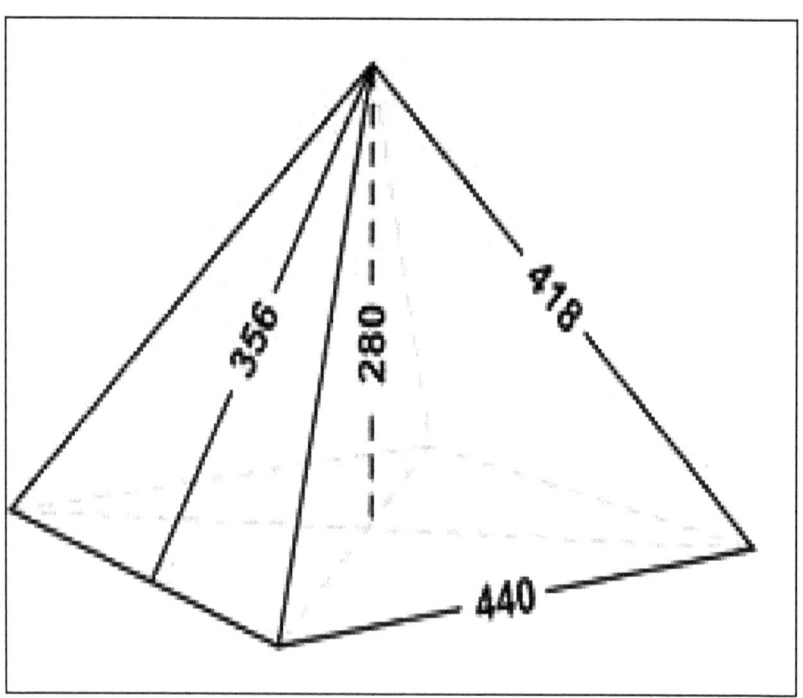

Para una eficiencia óptima, la pirámide respeta dimensiones y proporciones precisas y se coloca exactamente de acuerdo con el campo magnético terrestre.

Permite energizar las semillas. Energizar las semillas en forma de pirámide unos días antes de sembrarlas ya puede aumentar considerablemente la germinación, el crecimiento y la cosecha.

Las plantas que tienen instaladas una pirámide ya no parecen enfermarse. Crecen de forma mucho más rápida y más grandes, al tiempo que aumentan su vitalidad y valor nutricional.

Los materiales a utilizarse pueden ser cobre, o alambre galvanizado o también con cañas. No es el material sino el efecto de la figura lo que logra los resultados.

En la actualidad existen muchos ejemplos de pirámides colocadas en huertos e invernaderos. También hay creadores que en los invernaderos incorporan bobinas de calor, también bajando un alambre de cobre o hierro galvanizado desde la pirámide hasta el invernadero, potenciando sus beneficios. Como he explicado antes, este sistema es tan dinámico, como la imaginación de quien se dispone a experimentar, y eso es lo que lo hace aún más apasionante.

Pirámide de KEOPS	Reales	Dibujo
Lados cuadrado base	230,36	230,8423
Altura	146,59	146,0967
Arista	219,14	219,0624
Diagonal	325,78	326,4603
Apotema	186,43	186,1888
1/2 lado cuadrado base	115,18	115,4212
Radio=1/2 lado+apotema	301,61	301,6100
Altura (1): 230,36 x 4 /2PI =	146,65	

LA PIRÁMIDE DE LES BROWN

Se trata de un sistema de construcción de pirámides, que toma como referente la pirámide egipcia de Keops, porque son medidas hechas para obtener el 100% de rendimiento.
Antes de que podamos hablar de energía, primero debemos construir algo con que recogerlo. Todo tipo de formas contienen energía, incluso materiales con que se forman estas formas, y la naturaleza misma de las formas determina el grado de energía que contienen, es decir, la forma determina la receptividad a la energía.

Por formas me refiero principalmente a cubos, esferas, triángulos, pirámides y similares.
Cada forma tiene potencial, pero todas tienen diferentes limitaciones. Lo que sea que nosotros hacemos en nuestra vida diaria, nos esforzamos por hacer lo mejor. Se trata de hasta por las formas y la energía que contienen; tenemos que encontrar el que ofrece el mayor potencial.

De todas las formas, es la pirámide la que mejor rendimiento nos dará porque es el receptáculo de la mayor cantidad de energía. Debe tener cuatro lados, medidas específicas y ángulos correctos, y debe estar correctamente orientada.

¿Dónde mirar estos datos específicamente?

Sabemos que la gran pirámide de Keops en Giza, en Egipto, funciona bien hoy, pero probablemente no como lo hizo cuando estaba completa, con su superficie lisa y su piedra de coronación.
Ahora sabemos que en su finalización, la Gran Pirámide incluía una piedra de coronación y un manto de siete pies de alabastro de piedra caliza blanca.
Este material, que permitió a la pirámide funcionar completamente, fue luego robado de la pirámide para ser utilizado como material de construcción.

Sin embargo, incluso sin este material, podemos medir la pirámide de Keops como muchos lo han hecho, y obtener suficientes datos para trabajar, pero es necesario ir más allá de las propias medidas para entender por qué estas medidas tienen tal significado.

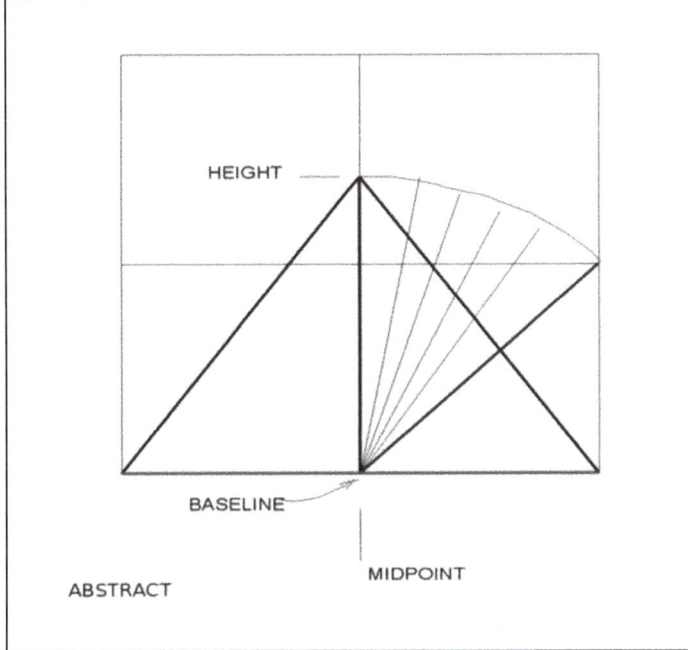

La pirámide está construida con líneas rectas de longitud y orientación específicas. Así venimos a las proporciones de las líneas. Imagina que cortas el mundo por la mitad en nivel del ecuador (prueba con una naranja), que tomas la mitad superior y que lo cortas en cuatro cuartos o cuadrantes, y luego tomas uno de esos cuartos y le quitas la piel. Aplana la piel y obtendrás un triángulo curvo a los lados. Corta la curva sin quitar nada del largo y obtendrás un lado del cara de una pirámide perfecta.

Después de cuadrar cada triángulo, coloque las cuatro piezas de cáscara de forma triangulares juntos y habéis transformado el hemisferio norte en una pirámide. Las partes inferiores de las esquinas de la base encajan perfectamente en el círculo del ecuador, y los lados conducen en su Polo Norte.

Usando estas proporciones, cualquier pirámide funcionará al unísono con los elementos naturales que disfrutamos, los elementos naturales que nos mantienen vivos y al mundo en equilibrio.

Si modifica este informe de medición, su rendimiento será inferior al normal. Cuanto más se desvíe de esta fórmula, menos rendimiento obtendrá.

Por supuesto, no podemos construir una pirámide tan grande como el hemisferio norte, pero cualquiera que sea su tamaño, **si está construido en la proporción correcta con la Gran Pirámide de Keops, dará el 100% de rendimiento.**

Altura inicial   146,60 m
Altura actual   138,00 m
Longitud del lado sur 230,45 m
Longitud del lado norte   230,25 m
Longitud del lado oeste   230,36 m
Longitud del lado este 230,39 m
Base horizontal   Ecart de 21 mm
Inclinación   51°50'34", es una relación altura / anchura de 14/11
Medir el ángulo noreste   90° 3' 2"
Medir el ángulo noroeste   89° 59' 58"
Medir del ángulo sureste   89° 56' 27"
Medir del ángulo suroeste   90° 0' 33"

La longitud de cada lado es, a unos pocos centímetros, idéntica. Esto no es insignificante, ya que corresponde a 400 codos, una unidad de longitud en progreso en el momento del antiguo Egipto. Un codo real era 0.577 m en ese momento, lo que se confirma por la altura de la pirámide, 147 m, 280 codos. En la medida del antiguo Egipto, la pirámide tiene, por lo tanto, 400 codos por lado por 280 de altura.

Matemáticamente, existe una relación entre la longitud de la base y la altura de un lado: 1.25, una proporción perfectamente dominada por los fabricantes, por supuesto.

IMANES PARA CULTIVOS

A través de los imanes podemos ayudar al crecimiento de las plantas. Por ejemplo, si ponemos un imán dentro de una maceta durante 5 o 10 minutos y después plantamos semillas, el resultado será un crecimiento más veloz induciendo a la planta a sentirse más atraída hacia el centro de la Tierra.

Podemos ser más específicos y colocar imanes en una maceta con tierra humedecida, y depositar dentro las semillas. O directamente sobre la tierra. La mayor incidencia de los campos magnéticos sobre la germinación de las semillas, depende de la exposición que se estima entre 10 minutos y 48 horas como máximo.

La utilización inteligente de imanes para el tratamiento magnético del agua, el riego, tratamiento de semillas; pueden tener un efecto significativo y muy positivo en los cultivos. Un detalle importante a tener en cuenta es que siempre debe usarse imanes de ferrita, nunca de neodimio.

ANTENA LAKHOVSKY

Georges Lakhovsky, pionero bioeléctrico (1869-1942)
En su libro El secreto de las plantas, lo que Lakhovsky descubrió fue fantástico: postuló que todas las células vivas (plantas, personas, bacterias, parásitos, etc.) poseen atributos que normalmente se asocian con los circuitos electrónicos. Comparó una célula viva con un circuito electrónico que puede recibir y emitir ondas electromagnéticas o energía. Estos atributos celulares incluyen resistencia, capacitancia e inductancia. Estas tres propiedades eléctricas, cuando se configuran correctamente, provocarán la generación recurrente u *oscilación* de ondas sinusoidales de alta frecuencia cuando se mantienen con un suministro pequeño y constante de energía exterior de la frecuencia correcta. Este efecto se conoce como *resonancia*.

En diciembre de 1924, inoculó 10 plantas de un árbol con un cáncer vegetal que producía tumores. Después de 30 días, se habían desarrollado tumores en todas las plantas. Tomó una de las 10 plantas infectadas y simplemente formó un **alambre de cobre pesado en una bobina abierta** de un lazo de unos 30 cm (12″) de diámetro alrededor del centro de la planta y lo sostuvo en su lugar con una estaca de ebonita.
La bobina de cobre actuaba como una antena o bobina sintonizadora, recolectando y concentrando la energía de oscilación de los rayos cósmicos de frecuencia extremadamente alta. El diámetro del bucle de cobre determinaba qué rango de frecuencias se capturaría.
Encontró que el bucle de 30 cm capturaba frecuencias que caían dentro del rango de frecuencia resonante de las células de la planta. Esta energía capturada reforzó las oscilaciones resonantes producidas naturalmente por el núcleo de las células de germanio.
Esto permitió que la planta superara las oscilaciones de las células cancerosas y destruyera el cáncer. Los tumores se cayeron en menos de 3 semanas y a los 2 meses, la planta estaba prosperando. Todas las otras plantas inoculadas con

cáncer, sin la bobina de antenas, murieron dentro de los 30 días.

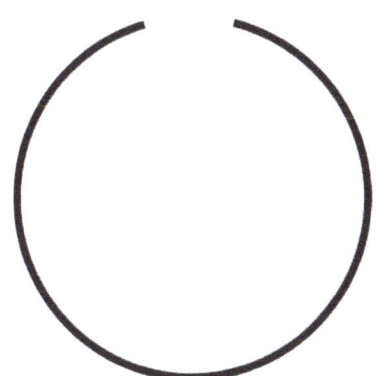 

Circuito tipo Lakhovsky de alambre galvanizado o cobre.
Se instala alrededor de árbol o planta, sujetado con una estaca por cada lado para que quede fijo.

Según mi experiencia como agricultor aficionado, y sobre todo de los que investigan el uso de los campos magnéticos en la agricultura como métodos físicos de estimulación del crecimiento y el rendimiento de las plantas, esta tecnología constituye una solución prometedora para el mejoramiento de la producción agrícola y de la situación alimentaria y nutricional, de una forma sostenible y en armonía con el medio ambiente.

Basta con colocar un circuito oscilante bien alrededor de un árbol o de una maceta con una planta, para que los efectos se puedan percibir muy rápidamente.

El material puede ser alambre galvanizado o cobre, que son ambos conductores.

Pueden estar sujetos con alguna estaca o madera a efectos de no ser vulnerable al viento, siempre cubriendo alrededor de lo que se quiera dinamizar.

Es necesario destacar que el circuito no se cierre, sino que mantenga una separación de unos 5 centímetros o también cruzarse como en la figura anterior.

Para comprender mejor cómo funciona el magnetismo

terrestre, vamos a ver a continuación una serie de definiciones que simplemente servirán de guía.
-Electromagnetismo y campo magnético terrestre.
-La vida consecuencia del campo EM terrestre.
-El stress geomagnético y la evolución de la vida.
-Las ondas de Schumann.

INTENSIDAD promedio del campo magnético terrestre: 0.5 gauss
FRECUENCIA del campo magnético terrestre (ondas de Schumann): 7.8 Hz (ciclos por segundo).

Campo magnético terrestre
Fluctuaciones por campo magnético externo, por el núcleo terrestre, y por las capas superficiales (biosfera, agua, rocas, metales, fallas geológicas, aguas subterráneas, etc.)

Líneas de Hartmann y de Curry.
Son como paredes invisibles de energía que ascienden desde el subsuelo hasta más de 2000 metros de altura y en vertical.
Líneas Hartmann: corren paralelas de Norte a Sur y de Este a Oeste, y la distancia entre sí es entre 2 y 2,5 metros.
Líneas Curry: corren paralelas de Noreste a Suroeste, y de Sureste a Noroeste, y la distancia entre sí es de 8 metros.

Evidencias biológicas del biomagnetismo
- El agua.
- Las bacterias.
- La célula.
- Órganos de navegación de peces y aves.
- Campo magnético como generador de corriente eléctrica.

BIOMAGNETISMO

¿Cómo afecta el electromagnetismo a las plantas?

El electromagnetismo de los imanes tiene efectos positivos en las plantas, pues -de acuerdo con un estudio publicado recientemente- este fenómeno físico aumenta la velocidad de germinación de las semillas y el crecimiento y desarrollo de las plantas. Esto se debe a que el electromagnetismo logra una mayor concentración de proteínas y aceites esenciales que promueven el crecimiento de los cultivos.

Por si fuera poco, colocar un imán en tus plantas ayudará a contrarrestar el estrés causado por la salinidad del agua con que se riega, la falta de hidratación, las altas temperaturas e incluso por los rayos UV del sol. Es por eso que, si quieres que tus plantas crezcan rápido y luzcan sanas, tu mejor opción es colocar un imán en su tierra para obtener todos los beneficios del electromagnetismo.

¿Cómo hacer que las plantas crezcan rápido con un imán?

Para hacer que tus plantas crezcan rápido y se desarrollen correctamente, puedes colocar un imán en la tierra a la altura de las raíces de tu planta y darle los cuidados necesarios. Solamente tendrás que retirar tu planta de su maceta, colocar al menos dos centímetros del sustrato indicado para tu planta y añadir el imán. Finalmente, coloca tu planta y añade más sustrato.

Asimismo, puedes hacer agua imantada para regar tu planta y que obtenga los beneficios del electromagnetismo. Solamente debes dejar algunos imanes en un recipiente con agua por algunos días y regar tus plantas como lo requieran. Verás cómo crecen mucho más rápido, pues obtendrán mayores nutrientes.

Otro de los **beneficios atribuidos al biomagnetismo es el ahorro de agua**, debido a la disminución del consumo de las plantas estimuladas.

La razón es el comportamiento de las proteínas de la membrana celular de la planta. "Al ser estimuladas magnéticamente, éstas se organizan en paralelo, compactándose, y endureciendo la membrana celular, de esta forma **se evita el proceso de evapotranspiración, (pérdida de agua por el "sudor" de la planta)** y **por lo tanto deben regarse menos**".

De hecho, de acuerdo con los investigadores, **se ha probado que las semillas tratadas magnéticamente consumen hasta un 75% menos de agua.** "Así mismo, la planta produce mayor energía para sí, porque no la pierde en su proceso de transpiración, por lo cual aprovecha esta energía para estimular su metabolismo y crecer más".

De igual forma, otros trabajos han permitido demostrar los beneficios del biomagnetismo en materia de la conservación de la fertilidad del suelo, y el uso de compostajes para agricultura orgánica.

Estos resultados corroboraron la información registrada en la literatura especializada que muestra como en Europa, fundamentalmente **en España y Polonia, el biomagnetismo aplicado a la agricultura se constituye gradualmente en una alternativa ecológica dadas sus ventajas, <u>no sólo en términos de rendimiento del cultivo sino en ahorro de agua.</u>**

PARAMAGNETISMO

Definición de paramagnetismo: Los átomos o moléculas de una sustancia paramagnética tienen un giro magnético neto tal que los giros pueden alinearse temporalmente en la dirección de un campo electromagnético aplicado cuando se colocan en ese campo. Esto produce un campo magnético interno (momento magnético). Se diferencian de las sustancias magnéticas (como el hierro, el níquel y el cobalto) en las que tales espines permanecen alineados incluso cuando están fuera del campo aplicado, por ejemplo, son permanentes. La susceptibilidad magnética se mide, según el manual de física, en millonésimas de unidad CGS (centímetros gramos segundo), $1 \times 10\text{-}6$ CGS o µCGS.

¿Qué significa esto para la agricultura?

Todos los suelos y rocas volcánicas son paramagnéticos (de 200 a 2000 µCGS). Según la investigación del Dr. Callahan, una lectura de susceptibilidad magnética del suelo de 0 a 100 µCGS sería mala; 100 – 300 µCGS buena; 300 – 800 µCGS muy bien; & 800 -1200 µCGS por encima de excelente. Esta fuerza se puede agregar al suelo, donde se ha erosionado, esparciendo roca paramagnética molida (basalto, granito, etc.) en el suelo.

El Dr. Callahan estima que del 60 al 70 % de esta fuerza paramagnética volcánica se ha erosionado en todo el mundo. El suelo debe estar "vivo" con organismos vivos, por ejemplo, bacterias y lombrices de tierra, material vegetal (compost) y la rica fuerza paramagnética del suelo. La mineralización del suelo al agregar minerales separados no significa necesariamente que se haya agregado la fuerza paramagnética.

Philip S. Callahan, Ph. D., educado como entomólogo, estuvo destinado en Irlanda como técnico de radio durante la Segunda Guerra Mundial. Ha escrito dos libros que tratan específicamente de sus descubrimientos allí de las propiedades aparentemente mágicas de las antiguas torres redondas irlandesas y de ciertas rocas y polvos de roca.

En un epílogo, el Dr. Callahan dice (página 194) que el principio más importante que quiere impartir es que debemos **"tratar las rocas, las piedras e incluso el suelo como antenas colectoras de ondas de energía magnética"**. Señala que las antiguas torres redondas celtas de Irlanda son antenas cónicas, que las rocas son antenas y que incluso el suelo es una antena plana si contiene suficiente roca volcánica y paramagnética.

El otro lado es la fuerza diamagnética de la materia orgánica, que, asegura, es igual de importante. Almacena el agua, pero las fuerzas paramagnéticas controlan su evaporación.

El Dr. Callahan también postula que los suelos paramagnéticos son esenciales para la salud de las plantas.

Ha demostrado que los suelos paramagnéticos transmiten energía electromagnética de la atmósfera a las plantas y que esta transmisión de energía puede mejorarse con la presencia de ciertas estructuras en las proximidades de las plantas.

GENERADOR DE ONDAS SCHUMANN

Las plantas resultan muy sensibles a estas frecuencias y generadores que algunos se ejecutan en un panel solar. Se pueden instalar en el centro del campo y puede manejar decenas de hectáreas.

Como referencia un generador de frecuencia se puede adquirir hoy en 2023 por valor de menos de cien euros.

TÉCNICA AGNIHOTRA

Es una antigua técnica, ritual o proceso védico. El estiércol seco de vaca, la grasa de mantequilla y el arroz se queman en una olla de cobre de forma especial. Se ha comprobado que Agnihotra neutraliza la radiación dañina de todo tipo, incluida la radiactividad. Agnihotra también elimina toxinas de todo tipo y se utiliza para desintoxicar el cuerpo y la mente, así como para limpiar el suelo, el aire y el agua.

Imagen de la web www.agnikultur.de con licencia estándar

El área de acción es de 1 km de diámetro y 12 km de altura y si practicas Agnihotra regularmente, se desarrollará un campo muy fuerte con el tiempo, lo que hace que sus efectos sean claramente visibles en la flora y fauna circundante.

El fuego, o más bien la vibración del fuego, es tan fuerte que las plantas cercanas al cuenco tienden a crecer hacia el cuenco en lugar de hacia el sol. Asimismo, al regar con agua de ceniza se inicia inmediatamente el ciclo de reproducción de las plantas.

¿Cómo es el proceso?

Prepare su estiércol seco de vaca, de vacas alimentadas naturalmente y sin descornar, untándolo con grasa de mantequilla, por ambos lados, como si estuviera untando un pan. Luego rompe los pedazos en pedazos pequeños para que puedas hacer una pequeña fogata en tu olla, después de todo quieres que el fuego arda bien.

Simplemente construya una pequeña torre colocando las piezas pequeñas una encima de la otra como fichas de dominó caídas. Entonces, automáticamente alcanzas una forma como una torre en medio de la cual solo tienes que arrojar un pequeño trozo de estiércol de vaca en llamas para encender todo.

Asegúrate de que el fuego esté bien encendido a la hora señalada, lo que significa que estás quemando el estiércol de vaca unos minutos antes de la hora exacta

https://www.homatherapie.de/de/Agnihotra_Zeitenp rogramm.html

Pon un trozo de estiércol de vaca en el fondo para que los granos de arroz siempre caigan sobre estiércol de vaca y no sobre metal.

La ceniza producida por Agnihotra es altamente energética y ciertamente puede ser procesada posteriormente.

Para producir ceniza blanca, tome la ceniza de Agnihotra y quémela en un horno de mufla pequeño, horno de cerámica a aproximadamente 900°C durante otros 30-60 minutos. Entonces la ceniza se vuelve casi blanca y muy finamente pulverizada.

HARINA DE BASALTO

El basalto es una roca ígnea, de color oscuro y estructura en forma de columnas hexagonales, que se forma a partir de la lava proyectada por los volcanes.

Este material es especialmente rico en silicio, magnesio, calcio, hierro y aluminio, contando también, aunque en menor medida, con sodio, titanio, potasio, fósforo, manganeso, estroncio, níquel y cromo, además de otros muchos oligoelementos presentes en cantidades aún menores. En conjunto, se trata de un mineral de composición muy variada, que contiene más de 70 elementos necesarios para el equilibrio nutricional y la salud de los cultivos, y consecuentemente de los seres humanos que se alimentan de estos.

La harina de basalto actúa regenerando los suelos. Además de aportar nutrientes, contribuye a la formación del complejo arcillo-húmico, que es uno de los pilares de la fertilidad físico-química, al favorecer, entre otras, la buena estructura y estabilidad del suelo, la porosidad, permeabilidad y absorción del agua, así como el almacenamiento de nutrientes. Al mejorarse la nutrición se incrementan las defensas de las plantas. El basalto contiene oligoelementos que brindan vitaminas a los microorganismos del suelo, como es el caso del cobalto. La sílice presente en esta roca aumenta la resistencia de las plantas frente a los bioagresores y la sequía. Esta roca volcánica contiene partículas paramagnéticas que ayudan a la vida del suelo a desarrollarse. Cuanto más paramagnético es un suelo, más vida hay.

Cada suelo reacciona de manera diferente a un campo magnético. Esta capacidad se mide con un dispositivo llamado PCSM (Phil Callahan Soil Meter), nombrado en honor a su inventor. El número obtenido indica el poder de movimiento de los elementos en el suelo. Se expresa en centímetros gramos/segundo (CGS).

Cuanto mayor es el número, más elementos móviles tienen disponibles los microorganismos del suelo para alimentarse y desarrollarse. Efectos visibles en el suelo después de varios años de aportes. La dosis de basalto que se añade al suelo depende de varios parámetros. El agricultor debe analizar el paramagnetismo de su suelo y del basalto a distribuir.

Dependiendo de su origen, el basalto puede ser más o menos cargado. Por ejemplo, un basalto que dosifica a más de 3.000 CGS se esparcirá entre 400 y 600 kg/ha/año, dependiendo del paramagnetismo del suelo considerado. Sin embargo, es importante tener cuidado con la cantidad de sílice que esto representa. En concentraciones demasiado altas, actúa como una lupa, especialmente en un suelo desnudo, y puede quemar los microorganismos.

Como la vida del suelo se concentra en los primeros centímetros, el enterramiento del basalto no es relevante. Los microorganismos son capaces de capturar rápidamente los elementos de la roca. "Para evitar pérdidas y dinamizar la vida del suelo desde el momento de la dispersión, aplicamos el basalto y los microorganismos simultáneamente para estimular la vida ya presente en el suelo. Los efectos del polvo de basalto son visibles después de siete a diez años. No debemos esperar un resultado visible de inmediato".

Valor paramagnético de un suelo. De acuerdo con la investigación del Dr. Callahan, un suelo se considera:

• Pobre de 0 a +100 CGS
• Bueno de +100 a +300 CGS
• Muy bueno de +300 a +700 CGS
• Superior de +700 a +1200 CGS
• Roca volcánica más allá de +1200 CGS.

Propiedades del basalto.

El basalto es una roca ígnea volcánica compuesta principalmente de plagioclasa, piroxeno y olivino. Se sabe que es una rica fuente de minerales y oligoelementos, como silicio, calcio, magnesio, hierro y potasio, que son esenciales para un suelo saludable y el crecimiento de las plantas.

La harina de basalto es el resultado de la molienda fina de esta roca, lo que facilita su incorporación al suelo y la liberación de sus nutrientes. Al ser una fuente natural de minerales, la harina de basalto es una alternativa ecológica y sostenible.

El poder del paramagnetismo

El paramagnetismo es una propiedad de ciertos materiales que se magnetizan débilmente en presencia de un campo magnético externo.

En el caso de la harina de basalto con paramagnetismo de 1900 microCGS, esta característica aporta beneficios adicionales a la enmienda agrícola.

El paramagnetismo en el suelo puede mejorar la retención de agua y la disponibilidad de nutrientes al influir en la estructura del suelo y la actividad biológica. Un suelo con propiedades paramagnéticas puede apoyar el crecimiento de las raíces y, en última instancia, mejorar el rendimiento de los cultivos.

Beneficios de la harina de basalto con paramagnetismo de 1900 microCGS:

1.   Mejora la fertilidad del suelo: la harina de basalto proporciona minerales esenciales y oligoelementos que contribuyen a la salud y fertilidad del suelo.

2.   Estimula la actividad biológica: el paramagnetismo puede apoyar el crecimiento de microorganismos beneficiosos, como bacterias y hongos, que desempeñan un papel importante en la descomposición de la materia orgánica y la liberación de nutrientes.

3.   Retención de agua: el paramagnetismo puede mejorar la capacidad del suelo para retener agua, lo que es especialmente útil en climas secos o durante períodos de sequía.

4.   Resistencia a enfermedades y plagas: Un suelo sano y

equilibrado es menos propenso a enfermedades y plagas, lo que reduce la necesidad de pesticidas y fungicidas químicos.

5.		Mayor rendimiento y calidad de los cultivos: al mejorar la salud del suelo y la disponibilidad de nutrientes, la harina de basalto de paramagnetismo 1900 microCGS puede aumentar el rendimiento y la calidad de sus cultivos.

La última investigación se centra en la capacidad de polvo de roca para mejorar la resistencia innata de las plantas a una multitud de factores físicos y biológicos estresantes.

El silicio (Si), que se encuentra naturalmente en el basalto volcánico y es un componente clave de las paredes celulares, fortalece los tallos y ayuda a las plantas a estar altas para capturar más luz y maximizar la fotosíntesis. El silicio también ha sido identificado como jugando un papel particularmente importante en ayudar a las plantas a mantenerse sanas y aumentar su resistencia a las plagas y enfermedades. Las plantas que no tienen acceso al silicio adecuado en el suelo están estresadas, son débiles e incapaces de resistir las lesiones causadas por insectos y plagas.

Jian Feng Ma, de la Facultad de Agricultura de la Universidad de Kagawa, en Japón, cita una amplia evidencia para apoyar la conclusión de que el silicio es "probablemente el único elemento capaz de mejorar la resistencia a múltiples fuentes bióticas y abióticas de estrés".

De él depende la capacidad de una planta para acumular resistencia en sus tallos, hojas y brotes. Cuanto más silicio en los brotes de una planta, mejor su capacidad para resistir las tensiones que causan las plagas y las enfermedades que conducen a la disminución de la salud de los cultivos y la vitalidad.

Después de todo, el silicio es el segundo elemento más abundante en la corteza terrestre después del oxígeno, y sin embargo los cultivos en todo el mundo muestran signos de deficiencia de silicio.

El problema -y la solución potencial- reside en la forma de silicio que puede ser absorbida por las plantas. Solamente una pequeña fracción de silicio en nuestros suelos agrícolas es soluble y fácilmente disponible para el crecimiento de la planta.

Una de las mejores fuentes naturales de silicio soluble es el basalto volcánico. La adición de silicio al suelo que se ha agotado de este elemento esencial no sólo facilita que las plantas eviten los insectos que comen plantas, sino que también mejora la resistencia de las plantas a las enfermedades foliares y foliares y las hace más fuertes en la lucha contra el medio ambiente y el clima estrés.

El basalto volcánico también puede ser útil en el tratamiento de la clorosis del hierro que puede entorpecer el crecimiento de las plantas y, en el caso de los árboles frutales, conduce a frutos más pequeños con sabores amargos si no se tratan.

Si bien existen muchos compuestos de hierro diferentes disponibles para el tratamiento de la clorosis, los estudios universitarios han demostrado que el hierro en basalto volcánico totalmente natural es más eficaz para corregir las deficiencias que los productos de hierro sintético.

Para los huertos de todo Occidente, donde los altos niveles de bicarbonato en el agua de riego contribuyen a la deficiencia de hierro, el basalto volcánico se está probando como una forma segura y eficaz de tratar sus síntomas.

6. COMPLEMENTOS NATURALES DEL ELECTROCULTIVO

Para obtener los mejores resultados, y sobre todo para mantenerlos en el tiempo, es aconsejable conjugar esta fantástica técnica con herramientas tales como **Permacultura, Agricultura Natural, Agricultura Sinérgica, Agricultura Sintrópica o Agricultura Paramagnética.**
Todas estas formas de agricultura poseen características comunes, que son las que voy a extraer para sintetizar -si cabe- esta inmensa tarea que nos compete asumir, obteniendo a cambio la soberanía alimentaria. Sólo se sugiere para optimizar al máximo las cosechas.

PERMACULTURA. Este modelo de agricultura natural fue teorizado en los años 1970 por los australianos Bill Mollison (biólogo), y David Holmgren (ensayista). El término permacultura significaba inicialmente "agricultura permanente", pero fue rápidamente entendida como "cultura de permanencia", porque los aspectos sociales eran parte integral de un sistema verdaderamente sostenible.
La permacultura, no se trata solo de cuidar los pájaros y las flores. Y nuevamente, si estudiamos pájaros y plantas, entendemos rápidamente su importancia en el desarrollo de la humanidad.
La permacultura es un método global que permite poner en marcha y concebir sistemas resistentes (resistentes a los

cambios repentinos/golpes) y sostenibles, que satisfagan las necesidades humanas, imitando estrategias de la naturaleza.

No es un método fijo, sino un "modo de acción" que toma en cuenta la biodiversidad de cada ecosistema. La ambición es una producción agrícola sostenible, muy eficiente en el consumo de energía y respetuosa con los seres vivos y sus relaciones recíprocas, siempre dejando la naturaleza salvaje siga su flujo.

La permacultura surge en parte de los conocimientos científicos adquiridos luego   de menos de un siglo sobre el funcionamiento de los ecosistemas: comprensión de la formación de la tierra, rol de la vida del suelo, simbiosis esenciales de los seres vivos, diversidad y estabilidad de los eco sistemas, estudio del clima, diversidad genética a la base de la evolución natural, flujos de energía y ciclos de la materia en la biosfera.

Diseño de Permacultura

AGRICULTURA NATURAL. Esta técnica se basa en las investigaciones prácticas de un japonés Masanobu Fukuoka hace más de 100 años, cuando estableció las bases de la senda natural del cultivo, publicada en su libro The one Straw revolution.

Se basa en mantener la tierra lo más compacta posible, con todas las hierbas e insectos, ya que todo cumple una función y el gran error del ser humano es intentar cambiar lo natural, imponiendo su criterio.

De ese modo se contribuye a recuperar la vegetación y con ello el equilibrio de los nutrientes que las plantas posteriormente absorberá, para que luego el Hombre se alimente de sus vitaminas y minerales.

AGRICULTURA SINÉRGICA. Es un sistema de cultivo desarrollado por **Emilia Hazelip**. Reivindica la práctica de una agricultura en la que se mantiene la tierra en su dinámica salvaje, sin labrarla ni arañarla superficialmente. El uso de bancales y de cubrir con paja los cultivos en determinadas épocas, permiten un mejor desarrollo de las plantas, que de un modo tradicional se estropea por mucho sol o lluvia.

Hazelip afirma que la permacultura fue concebida por un estudiante tasmaniano, David Holmgren en los años 70, para servir como herramienta ecológica de ayuda a los miembros de culturas con economías parasitarias, entrópicas como la nuestra, y poder establecer otra manera de funcionar económicamente sin tener que explotar a otros seres humanos, ni al Planeta.

Se nos tiene inculcado que tratar de "ganarse la vida" de cualquier otra manera que la que el Sistema impone, es una necedad propia de "soñadores irrealistas" y que hasta sólo pensarlo es una pérdida de tiempo.

Hasta muy recientemente poca gente se daba cuenta de la imposibilidad de mantener a largo plazo dinámicas de explotación consideradas normales en la realidad de los negocios y de los gobiernos, hoy ya no hace falta tener que convencer de que el Sistema Económico Dominante (SED) no tiene futuro, pero lo que todavía no se tiene claro es: cómo salir de esta catástrofe, cómo minimizar nuestra participación en una economía tan destructiva en la que estamos metidos, cómo simultáneamente permitirnos "vivir" y no colaborar con tanta injusticia. Debemos recordar que los Bosquimanos nunca inventaron la guerra y supieron compartir, no por miles sino millones de años, la misma geografía con una gran diversidad de grupos "jugando el mismo juego" de respeto hacia el territorio y hacia los vecinos, desarrollando dinámicas sociales para impedir que la agresividad de algunos pudiera romper los equilibrios sociales establecidos, y aunque esta Cultura no ha sido la única, los Bosquimanos son quizás hoy los últimos sobrevivientes de una de las culturas "del Paraíso Terrenal" que hasta la llegada reciente (unos 10.000 años) de las culturas guerreras, el Paraíso Terrenal ocupaba la totalidad del Planeta... y el "pecado original" no fue cometido por toda la humanidad, contrariamente a lo que nos quieren hacer creer, sino solamente por esa cultura patriarcal que inventó la guerra, el fratricidio y la destrucción de la Naturaleza en búsqueda de los recursos naturales... y no es porque hoy esta lógica y dinámica haya colonizado el planeta casi en su totalidad que quiera decir que el ser humano no fuera o sea capaz de otra cosa, o que nosotros no podamos romper la hipnosis cultural, y liberarnos de una creencia que denigra nuestros orígenes pacíficos y éticos.

Sus principios son:

. Mantener la tierra sin compactar ni labrar
. Utilizar la autofertilidad de la tierra como abono
. Añadir el horizonte humífero al perfil de la tierra de cultivo
. Establecer una colaboración con los organismos simbiotas en la rizosfera

Imagen de Agricultura sinérgica

AGRICULTURA SINTRÓPICA.

El término sintropía sería un antónimo de entropía. Respetando ciertos principios básicos que operan en la naturaleza, el sistema, en lugar de tender al caos, simplificarse y liberar energía, tiende a complejizarse y a ordenarse, absorbiendo energía -proveniente del sol- en el proceso.

La agroforestación desde el punto de vista sintrópico es una forma de agricultura regenerativa impulsada por el poder de la sucesión natural que está más allá de lo orgánico y más allá de lo sostenible, y que produce en abundancia.

Cuenta con una serie de principios que fueron ideados por **Ernst Götsch,** genetista y agricultor suizo radicado en Brasil, quien viene trabajando tanto la teoría como la práctica desde hace años en diferentes partes del mundo desde hace 40 años. Todo ecosistema natural funcional está compuesto por plantas diversificadas que crecen juntas. Dentro de cualquier grupo de plantas, hay especies con ciclos vitales diferentes y distintas exigencias de luz o resistencia a la sombra. A pesar de sus características específicas, no sólo crecen juntas, sino que, además, llevan a cabo una dinámica de colaboración mutua mientras lo hacen. Las especies de crecimiento rápido protegen y alimentan a las de crecimiento más lento, de forma que cada grupo de plantas crea las condiciones para la aparición del siguiente. Este sistema refleja el proceso natural de regeneración de los bosques. La agricultura sintrópica traduce estas características -en su forma, función y dinámica- en prácticas agrícolas que organizan la distribución de las plantas en el espacio, tanto horizontal como verticalmente, y también en el tiempo, según los ciclos vitales. Esto se hace de manera que se optimiza la fotosíntesis y la producción de biomasa, aumentando en última instancia la fertilidad general del campo.

Los parámetros que guían esta organización son la sucesión y la estratificación.

Las clasificaciones de estratos y los índices de ocupación son:
– Especies emergentes (aprox. 20% de ocupación)
– Especies de estrato alto (aprox. 40% de ocupación)
– Estrato medio (aprox. 60% de ocupación)
– Capa inferior (aprox. 80% de ocupación)

– Especies de cobertura (aprox. 15-20% de ocupación)

La suma de los porcentajes de ocupación muestra que el aprovechamiento total del campo aumenta hasta aproximadamente el 220% debido a que los distintos estratos se solapan.

Etapas de la sucesión:

– Placenta (especies anuales y bianuales)

– Secundaria (árboles y arbustos de ciclo de vida corto y medio)

– Clímax (ciclo vital largo)

– Transicional (ciclo vital muy largo).

– Sistemas de colonización (etapa sin plantas, sólo bacterias, hongos y pequeñas formas de vida);

– Sistemas de acumulación (etapa en la que aparecen las primeras plantas rústicas, pero todavía hay escasez de agua y nutrientes y el ecosistema sólo es capaz de sustentar pequeños animales);

– Sistemas de abundancia (esta es la etapa con un gran flujo de nutrientes y agua. El ecosistema ahora puede mantener a animales grandes y plantas con altas demandas).

Estos son los principios fundamentales:

1. Mantener siempre el suelo cubierto.

2. Concentrar energía y generar biomasa de forma eficiente.

3. Dinamizar los procesos para dar lugar a la sucesión natural.

4. Realizar deshierbes selectivos y poda.

5. Maximizar la fotosíntesis.

6. Tener conocimiento sobre la ecofisiología de las especies utilizadas, para ubicarlas en su nicho correspondiente.

7. Sincronizar los plantíos.

8. Entender qué es lo que hace de bueno cada organismo en el sistema.

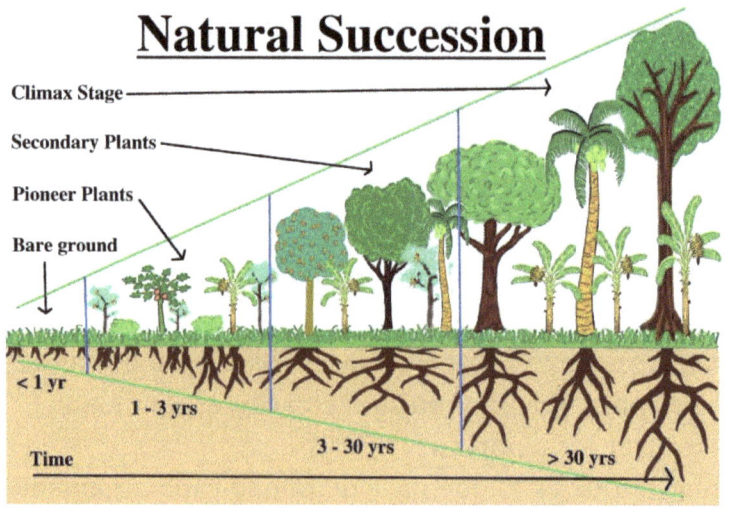

8. EL MÉTODO KEYLINE
O LÍNEA CLAVE

Cuando disponemos de un terreno donde vamos a desarrollar cultivos orgánicos, uno de los elementos esenciales a tener en cuenta es el agua. Pero no solamente como suministro de un estamento estatal local, sino como la fuente primaria que es la lluvia, como parte de ese ciclo que debemos recordar, o tomar como base los estudios realizados entre otros por el austríaco Viktor Schauberger.

En el análisis del suelo vamos a observar por dónde discurre el agua cuando llueve, lo que nos dará la pauta de la línea clave o KEYLINE.

La línea clave (Keyline design) es uno de los principios fundamentales de la agricultura regenerativa, concebido por el agricultor e inventor australiano Perceval Alfred Yeomans (1904-1984) a finales de los años 40 y popularizado hoy por el permacultor australiano Darren Doherty. Considerando las condiciones climáticas de Australia en su tiempo, Yeomans decidió reconsiderar las prácticas agrícolas así que la ordenación de su finca a fin de aumentar su resiliencia. De su experiencia, nació el principio de **Keyline design**.

Se trata de una técnica de gestión de los espacios agrícolas basada en la regeneración rápida de los suelos, mediante animales de pastoreo y la observación de la topografía del terreno, de los ciclos del agua y del clima.

El Keyline design se compone de la:
– Regeneración de los suelos => desarrollo rápido de la capa de suelo cultivable y lucha contra la erosión de los suelos y su salinidad.
– Gestión de las aguas de escorrentía
– Retención de carbono
El principio de línea clave parte de la idea según la cual cada paisaje presenta particularidades climáticas y topográficas, entonces se debe aplicar este concepto de manera única ya que cada terreno es diferente. Visto que toma en cuenta las características propias de cada terreno, la línea clave participa a la reconstrucción de los ecosistemas y se puede aplicar cualquiera que sean la zona climática y el tamaño del terreno.

El objetivo de tal método es desarrollar un suelo vivo y muy fértil y cabe notar que es mucho más fácil alcanzar este objetivo en un paisaje que fue diseñado para este fin.

La conceptualización de esta metodología se presenta bajo la forma de una «Escala de Permanencia del paisaje» en la cual Yeomans prioriza los elementos claves que se debe tomar en cuenta en el paisaje. **Se debe considerar primero el clima, la topografía (relieve del terreno) y después la gestión del agua, los accesos, la forestación, los edificios y las vallas.**

La línea clave reagrupa técnicas de trabajo del suelo, riego y técnicas de pastoreo rotativo (manejo holístico) para acelerar el proceso natural de regeneración del suelo. Estas prácticas permiten dar al suelo los elementos que necesita para ser fértil o sea calor, humedad, espacio para el aire (porosidad) y nutrientes ricos en energía y proteínas.

A veces, para compensar la falta de porosidad del suelo, se necesita descompactarlo. Por eso, Yeomans desarolló un subsolador que trabaja el suelo sin dañarlo.

La decompactación deja en el suelo un motivo que va influir

sobre los movimientos del agua en la superficie. Centenares de pequeñas zanjas, llamadas «keylines» van a capturar el agua, que podrá infiltrarse en el suelo. Si se diseñan estas zanjas de forma óptima, se puede actuar sobre el reparto del agua sobre todo el terreno para que el agua que se acumula en los huecos se dirija hacia los montículos que tienden a faltar agua.

La aeración y la decompactación del suelo buscan recrear una tierra arable y rica, tierra que fue perdida durante los procesos de labranza de la agricultura mecanizada.

La técnica Yeomans es un ejemplo de agricultura regenerativa ya que crea cada vez más vida y biomasa en el suelo y permite también conseguir una producción agrícola cada vez más elevada a medida que la calidad del suelo se mejore. Asociada al manejo holístico, a la agroecología, a la permacultura o a la biodinamía, la línea clave permite favorecer el desarrollo biológico y profundo del suelo, mejorar su calidad y al final crear una base sólida y sana para cultivar.

Para entender y desarrollar el diseño hidrológico del terreno (DHT) con el sistema Keyline o Línea Clave, es necesario aprender a leer el paisaje y descubrir las líneas naturales del agua y las curvas de nivel del terreno. En un paisaje natural hay que identificar el parteaguas, las crestas o lomos y los valles en las geoformas naturales del terreno.

Al voltear la vista al horizonte y ver la cresta de las montañas que interrumpen la vista del cielo, esa es la cresta principal. Las crestas o lomos que salen hacia los lados de la cordillera principal son las crestas primarias. Y las partes bajas entre dos crestas primarias son los valles primarios. Estas geoformas son básicas para entender y aplicar el sistema.

Los valles y crestas del paisaje definirán las unidades primarias del terreno que también son de importancia fundamental para el diseño hidrológico del terreno. Una unidad primaria del terreno es la porción de tierra que existe entre una cresta y otra del terreno.

El empleo del método de la Línea Clave en una parcela agrícola implica simplemente hacer el surcado paralelo a la Línea Clave, tanto hacia arriba como hacia abajo de la misma. De esta forma, se garantiza que el recorrido del agua de lluvia (o riego) irá de los valles hacia las crestas del terreno, con los beneficios que ello implica.

El Punto Clave se encuentra sólo en los valles; no existe un Punto Clave en las crestas o lomos del terreno. Igualmente, aunque de manera general se dice que el surcado de un predio se puede hacer hacia arriba o hacia debajo de la línea clave, aunque hay ocasiones en que el surcado únicamente se podrá hacer hacia arriba, o bien, hacia abajo de la Línea Clave, pero no hacia ambos lados.

El propósito del patrón de cultivo de una parcela con el método aquí propuesto, es dirigir hacia las partes altas del terreno el agua de lluvia y que se infiltre y almacene en el suelo, en lugar de permitir que escurra superficialmente hacia los valles y salga del predio o forme charcos que no son de utilidad ni para el suelo, ni sus recursos asociados.

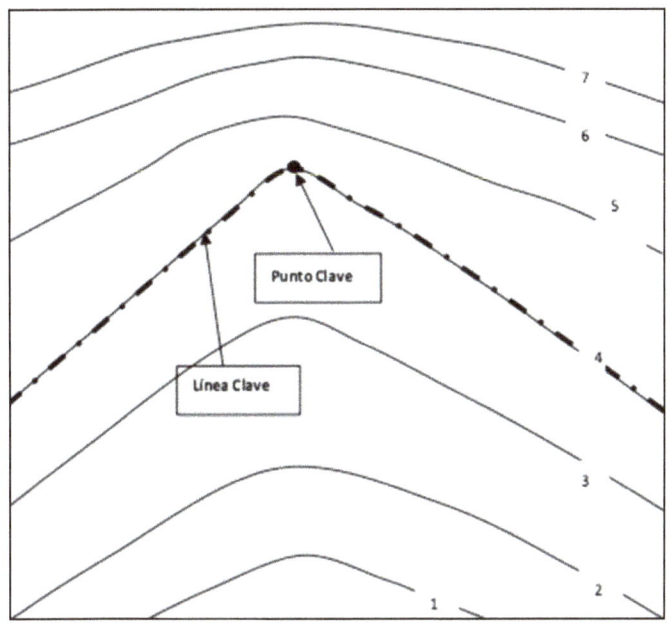

Diseño KEYLINE Wikipedia

PREGUNTAS FRECUENTES

¿Es ecológico el Electrocultivo?

Por supuesto que sí. El Electrocultivo imita los efectos de estimulación de cultivos que ocurren naturalmente, como los de las tormentas eléctricas y las corrientes terrestres que ocurren naturalmente. No se agrega nada artificial al suelo que no sea agregado por la propia naturaleza.

¿Es seguro el Electrocultivo?

El Electrocultivo es completamente seguro. Cuando estimulamos el crecimiento de las plantas y las actividades microbianas del suelo usando electricidad atmosférica, usamos cantidades muy pequeñas de corriente eléctrica. La cantidad de corriente que va a cada planta en su invernadero es extremadamente baja, lo suficientemente grande como para alimentar un o una sola luz LED y nada más.

Con respecto a las plantas, frutas y verduras, es perfecto para los Electrocultivos por las siguientes razones:

• Estimula las actividades microbianas del suelo, creando un suelo más saludable mientras fomenta el crecimiento de microbios aeróbicos saludables. Se sabe que estos microbios están en relaciones simbióticas con las plantas que crecen a su alrededor, por ejemplo, ayudando a convertir el nitrógeno en formas que puedan usar y brindando apoyo inmunológico natural, como en la formación de antibióticos naturales para la planta, etc. acelera el metabolismo de la planta; un efecto es que aumenta la tasa de absorción de agua y minerales de las plantas. Esto significa que las plantas cultivadas a través de este método tienen una gran densidad de nutrientes, lo que proporciona una mayor nutrición a quienes consumen sus frutas, verduras y otros productos.

• Incrementa la tasa de crecimiento y rendimiento de la planta. Según una serie de medidas, las plantas cultivadas con electrocultivo experimentan una serie de efectos beneficiosos que incluyen aumentos en la masa de raíces, la tasa de crecimiento y el peso húmedo y seco.

• Otros atributos beneficiosos que ocurren incluyen: mayor número de sitios de brotación, mayor área foliar, pigmentación más oscura de las hojas, tallos más gruesos, mayor resistencia a una amplia gama de patógenos, incluidos insectos, moho, bacterias, infecciones virales y más.

¿Y si no observo avances en mis plantas?

Si este es su caso, considere probar en un tipo diferente de planta o cambiar el enfoque o protocolo de estimulación. Es un hecho bien conocido que las variedades de plantas responden de manera diferente a las diferentes formas de estimulación, por lo que es imperativo adoptar una mentalidad experimental e intentar que la fase de exploración y descubrimiento sea entretenida. Probar nuevas formas o técnicas es parte de un desarrollo de algo que tenemos gratuitamente en esta Tierra: la electricidad atmosférica y el magnetismo terrestre.

¿Puedo combinar varios sistemas a la vez?

Por supuesto que si. Se puede instalar una antena, y a su vez colocar pirámides, espirales, etc., que complementarán de un modo excelente todas las técnicas, para unos cultivos sostenibles.

Y como he manifestado antes, se puede amalgamar con los diferentes tipos de agricultura existentes, para una optimización de los resultados.

¿Si es un sistema tan bueno, cómo eliminaron los Electrocultivos de la industria, la agricultura comercial y la jardinería residencial?

Muy simple, ignoraron toda la ciencia atmosférica, etérica y usaron la teoría eléctrica estándar aplicando voltajes estándar a través de los cables, que no fertilizaron el suelo, y de ninguna manera representan la ciencia o mecanismos en el trabajo real del electrocultivo.

Y cuando la teoría eléctrica actual no produjo los rendimientos, las industrias y el público perdieron el interés; cuando la ciencia se confundió con la teoría estándar, el público nunca supo la diferencia.

NOTICIAS ACTUALES DE ELECTROCULTIVOS

INFORME DEL FORO MUNDIAL
SOBRE SEGURIDAD ALIMENTARIA 2018

China ha hecho un descubrimiento impactante en la producción de alimentos con electro cultivos.

El país con mayor población del mundo también tiene el mayor número de bocas que alimentar. Eso exige una mayor producción de alimentos. Pero una mayor producción de alimentos significa un mayor uso de los recursos: nutrientes del suelo, agua, fertilizantes y pesticidas. Investigadores en China han logrado un gran avance que significa que se pueden cultivar más alimentos sin poner una carga sobre estos recursos finitos. Todo depende de la introducción de un componente clave: la electricidad.

En una serie de grandes invernaderos, con un área combinada de 3.600 hectáreas (8.895 acres), se han suspendido cables de cobre desnudo a tres metros sobre el nivel del suelo. Los cables recorren toda la longitud de los invernaderos y llevan pulsos rápidos de carga positiva, hasta 50.000 voltios. Estas explosiones de alto voltaje matan las bacterias y las enfermedades virales de las plantas tanto en el aire como en el suelo. También afectan la tensión superficial de las gotas de agua en las hojas de las plantas, acelerando la vaporización.

Los experimentos relacionados con el efecto de la electricidad en el crecimiento de las plantas no son un fenómeno nuevo.

La Academia China de Ciencias Agrícolas ha estado trabajando en ellos desde la década de 1990, y en 1985 el New York Times informó sobre los experimentos que se llevan a cabo en el Imperial College de Londres en los que se administran pequeñas dosis de electricidad a las células de las plantas. Y desde 1902 se hicieron observaciones sobre la forma en que la electricidad parecía afectar a las plantas, cuando el profesor Lemström notó que las plantas que crecían bajo la aurora boreal en realidad crecían más rápidamente que las mismas plantas en climas más cálidos.

El hecho de que China esté realizando ahora estos experimentos en granjas en funcionamiento, desarrollando cultivos, en lugar de puramente en condiciones de laboratorio, da una indicación más clara de la confiabilidad de los resultados. Y con invernaderos que cubren más de 4 millones de hectáreas, produciendo casi 1 billón de yuanes en vegetales cada año, las implicaciones de estos experimentos también son enormes. Producir más alimentos sin ejercer una presión exponencial sobre los recursos o usar niveles prohibitivamente altos de productos químicos probablemente sea uno de los temas permanentes del siglo XXI.

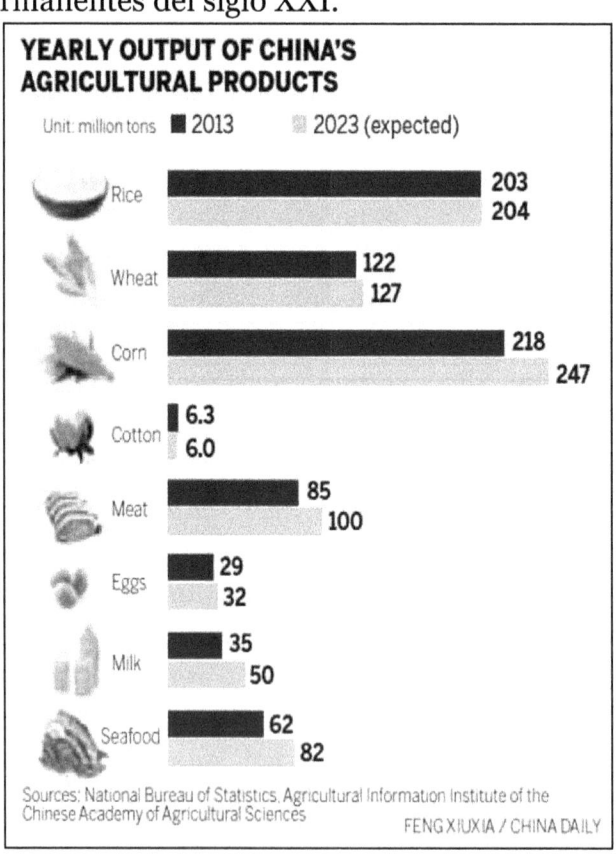

YEARLY OUTPUT OF CHINA'S AGRICULTURAL PRODUCTS

Unit: million tons ■ 2013 ▨ 2023 (expected)

Rice — 203 / 204
Wheat — 122 / 127
Corn — 218 / 247
Cotton — 6.3 / 6.0
Meat — 85 / 100
Eggs — 29 / 32
Milk — 35 / 50
Seafood — 62 / 82

Sources: National Bureau of Statistics. Agricultural Information Institute of the Chinese Academy of Agricultural Sciences

FENG XIUXIA / CHINA DAILY

BIBLIOGAFÍA

Aquí tenéis una lista donde encontrar más información para hacer vuestra propia investigación. En cualquier caso también podéis solicitarme más información a: spainger@protonmail.com, y gustosamente responderé.

Libros e Informes consultados para la investigación

Electroculture. Justin Christofleau
Electricity in Agriculture and Horticulture. Prof. Karl Lemström. Helsinki University.
Electroculture. David Holman
The Application of Electricity to Seeds in Vegetable Growing. Alexander Carr Bennet
Essais d'électrocultur. Lieutenant Fernand Basty
The Pyramid. Les Brown
Electroculture. Briggs, Campbell, Heald and Flynt.
Lakhovsky. L'Oscillation cellulaire. The secrets life
The secret life of plants. P. Tomkins, C. Bird
Growing by electricity. By Dudgeon
Les secrets de l'électroculture. Arnaud Colombier
Principles of Horticulture Adams, Bamford, Early.
Viktor Schauberger. The water wizard. The energy evolution. The fertile earth.
Electrical simulation for the growth of plants. National Institute of Biotechnology, Malaysia
Electro horticulture with incandescent lamp. West Virginia University
Interaction with pyramidal structures with energy and consciousness. Beverly Rubik, Harry Jabs.
La mission sacree. Matteo Tavera
Lightning Conductors and their Phenomena. By W. H. WHITEHOUSE, M.I.E.E.
Practical Dynamo & Motor Management
"Lektrik" Lighting Connections. By W. PERREN MAYCOCK, M.I.E.E.
The Electrification of Railways. By Professor GISBERT KAPP, Past President of the Inst. E.E. A
Handy Electrical Dictionary. By W. L. WEBER.

The Practical Electrician's Pocket Book.

Electric Light for Country Houses.

Applications of Electrical Heating. By Professor J. A. FLEMING, F.R.S.

Dynamo and Motor Attendants and their Machines. By FRANK BROADBENT, M.I.E.E. Sixth Edition,

The Application of Electric Motors to Machine Driving. By A. STEWART, A. M.I. E.E. Third Edition,

The Application of Arc Lamps to Practical Purposes. By JUSTUS ECK, M.A., M.I.E.E.

The How and Why of Electricity. By CHAS. T. CHILD.

Questions and Answers about Electrical Apparatus. By CLAYTON and CRAIG.

M. MACAGNO. 1879. Influenza dell' elettricita atmosferica sulla vegetazione

MASCART, 1876. Traité d'electricité statique.

BRUTTINI 1912. L'influenza dell' elettricita sulla vegetazione

MONTBRISON 1892. De l'influence de l'électricité sur la végétation

PRIESTLEY J.H. 1907 the electricity effect on plants

CLAUSEN. 1911. Die Erfolge der Elektrokultur en Hedewigenkoog

ELFVING, F. 1882. Ueber eine Wirkung des galvanischen Stromes auf wachsendeWürzeln

GASNER, G. 1907. Zur Frage der Elektrokultur

L. GESSEL 1909. Pflanzenphysiologische Fragen der Elektrokultur

GERLACH, M. y ERLWEIN, G. 1910. Versuche ueber Elektrokultur

STERMANN 1910. Geschichte und Bedeutung der Elektrokultur unter Beriick-sichtigung der neueren Versuche

HONCAMP, F. 1907. Die Anwendung der Elektrizitat in der Pflanzenkultur

FEYNMANN Mainly Electromagnetism and Matter

Richard E. Smalley (1943–2005), ganador del Premio Nobel de Química en 1996, elaboró en 2003 un plan de diez puntos para los grandes desafíos que enfrenta la humanidad en la primera mitad del nuevo siglo:

El conocimiento ocupa el segundo lugar después de la energía y las funciones del agua. Solo después vienen los alimentos y el medio ambiente.

BREVE ANÁLISIS SOBRE GEOBIOLOGÍA

La **geobiología o ciencia del hábitat** es la disciplina que estudia esta la interacción entre la Tierra y los seres vivos.

Los seres humanos vivimos sobre la superficie de un enorme imán. Sobre su corteza experimentamos el influjo de su campo magnético, así como también el de la radiación gamma procedente del terreno y el de la radiación cósmica de fondo. El ambiente electromagnético de nuestro planeta es indispensable para la vida en la Tierra.

Diversos estudios han demostrado que la regulación de la presión arterial y del sistema inmunitario o el funcionamiento de los procesos reproductivos, cardíacos y neurológicos, están influenciados por su existencia.

Lejos de tratarse de una manifestación estática, la expresión de este campo es variable y responde de forma dinámica a la radiación solar, la presencia de corrientes y masas de agua, fallas geológicas, vetas minerales, etc.

El planeta entero vibra al ritmo de este campo geofísico de un modo que aún nos resulta difícil comprender, pero no obstante sí somos capaces de experimentar.

Recurriendo a la sensibilidad personal o a la instrumentación tecnológica, el ser humano ha intentado desde siempre interpretar la naturaleza de esta vibración y de sus efectos.

La constatación de que habitar en lugares donde estas vibraciones son excesivamente débiles o por el contrario muy intensas provocan estrés, degeneración y enfermedad hizo que su estudio sistemático se iniciara precisamente por parte de profesionales de la medicina.

Los hallazgos de la geobiología nos hablan de nuestra íntima relación con nuestro planeta y nos descubre como seres animados por su constante latido.

Comprender estos conceptos es esencial para poder situarnos sobre cuál será nuestro papel en relación con el entorno.

La geomancia Wang Bath es el arte de percibir, analizar e interpretar el fluir de las energías cosmotelúricas de un lugar con el fin de armonizar, regenerar y vitalizar los espacios degradados. Pero también es la disciplina que permite la comunicación entre las energías cosmotelúricas y los seres vivos, a través de la práctica Kora Parikrama, que es una meditación dinámica a través del caminar, del canto y la danza, acciones que llevan a enamorándose del lugar y conectar con su energía vital.

Actualmente la función más importante de la geomancia Wang Bath, es la regeneración de los biotopos degradados por la acción egoísta e inconsciente del ser humano.

Cuando se habla de Geobiología, engloba además un serie de disciplinas conexas, que deberíamos recordar, ya que existen hace muchísimos años en esta Tierra, como es el caso de la radiestesia, la electrobiología, bioconstrucción y biohabitabilidad.

Estos son los términos que deberíamos conocer y manejar cada día, y no otros pertenecientes al neolenguaje, que nada nos aporta, aparte de distracción.

Este siglo XXI es un momento de reaprender las cosas esenciales. Tener conocimientos de biología, física, química, agricultura, botánica, etc., nos hará integrar más naturalmente los conceptos de convivencia entre seres humanos.

Demasiada tecnología nos hace olvidar lo que somos en esencia: seres humanos con sentimientos, que necesitamos vivir en comunidad y compartir, cosas esenciales y no superfluas.

Son muchos los temas que me gustaría abordar, pero no quiero quitarle protagonismo a los ELECTROCULTIVOS.

Es una técnica que no contamina, está en armonía con la naturaleza, de donde se extrae algo verdaderamente ilimitado, y por si fuese poco cuida y permite el desarrollo de los cultivos de un modo excepcional, para que tengamos una alimentación con las vitaminas y minerales que necesitamos para vivir, ayudándonos a tener una soberanía alimentaria, ahorrando agua y contribuyendo con nitrógeno al suelo.

¿Es que acaso existe algún sistema que brinde tantos beneficios de forma natural?

Debemos recordar que el conocimiento, como decía **Richard E. Smalley,** es el segundo desafío en este siglo XXI por detrás del agua.
Así que este conocimiento condensado os lo comparto en este manual, para que hagáis un buen uso de él.

CONCLUSIONES FINALES

A la vista de que este tema de electrocultivos ha dejado de estar durmiendo, y una de las potencias mundiales se ha volcado con objetivos a mediano y largo plazo, hace que le prestemos la debida atención, en virtud de que las "circunstancias globales" están generando un clima de incertidumbre especialmente alimentaria, con la escasez de agua, y las tierras diezmadas por una agricultura intensiva.

Es hora de devolverle a la Tierra lo que le pertenece, y dejar de ser déspotas y creer que todo se auto genera de forma automática.

La planificación es el resultado de un deseo de emprender con conciencia, es la materialización de una convicción, afortunadamente existe otra forma de asentarnos en la Tierra.

Todo proyecto busca compartir el sentir de muchas personas que han percibido que vivir en el campo en contacto con lo realmente importante, es una forma de vida posible y realizable. Y a su vez restablecer una relación de armonía entre el campo y la ciudad.

Es necesario comprender que cohabitamos con la energía del Sol, del Viento, del Agua, de las Piedras, de los Animales, de la Vegetación, de las Estrellas, de la Tierra y de los Seres que habitan el lugar.

Todo un contraste con lo que hemos vivido desde que se produjo masivamente el éxodo del campo a las ciudades.

CARPE DIEM - APROVECHA TU DÍA

ACERCA DEL AUTOR

Soy periodista, escritor e investigador científico, además de agricultor, especialmente en el área de la agricultura biológica entre otros.

Este Manual de Electrocultivos es fruto de una investigación de al menos seis años cuyas referencias aparecen en la Bibliografía, ya que mi pasión es la verdadera comunión del Hombre con la Tierra.

He podido experimentar con éxito este sistema en 14 países, por tanto puedo ser testigo real de sus beneficiosos efectos.

Por supuesto que estoy a disposición para ayudar a establecer este sistema a todo aquel que desee hacerlo y a pesar de tener el manual no sepa cómo.

En este sentido estoy expandiendo este conocimiento ancestral, para transformar el modelo productivo actual, que ni es ecológico, ni sostenible ni rentable.

No se trata de una postura filosófica, sino de una imperiosa necesidad, ya que la tierra de cultivo se encuentra degradada y esto repercute en alimentos más caros y menos saludables.

Hay una solución, y son los Electrocultivos.

Solicite una reunión de evaluación, y verá cuánto podemos hacer por su finca.

spainger@protonmail.com

Para aquellos que entienden, no se necesita explicación; para aquellos que no entienden, no hay explicación posible.
-DAVID R. KAMERSCHEN, PHD, Profesor de Economía, Universidad de Georgia.

www.ingramcontent.com/pod-product-compliance
Ingram Content Group UK Ltd.
Pitfield, Milton Keynes, MK11 3LW, UK
UKHW021317190625
6482UKWH00024B/394